高等职业教育“十四五”精品规划教材

焊接机器人编程及应用

主　编　孙　静　刘　婧　韩亚鹏
副主编　赵运婷　段海雁　蒋国辉

天津大学出版社
TIANJIN UNIVERSITY PRESS

内容提要

本书在介绍工业机器人的基本概念、结构组成、分类及应用等的基础上，采用基于工作过程的项目式教学，将焊接机器人的操作实践和编程应用与焊接机器人的基本原理、结构等理论内容有机结合，让学生通过实际任务训练掌握焊接机器人的基本知识和操作技能。本书融入党的二十大报告精神和课程思政元素，内容严格按照行业与职业要求编写，遵循技术技能型人才成长规律，以实操能力培养为重点，以岗位工作过程为导向，以典型工作任务为依托，将机器人技术、焊接技术与自动化技术有机融合，体现智能焊接技术理念，培养学生具备精操作、懂工艺、善协作、能创新的工匠精神。本书配备多媒体课件、教学微课和动画以及复习思考题，可作为高等职业院校“智能焊接技术”专业的焊接机器人操作课程的培训教材。

图书在版编目（CIP）数据

焊接机器人编程及应用 / 孙静, 刘婧, 韩亚鹏主编；赵运婷, 段海雁, 蒋国辉副主编. -- 天津：天津大学出版社, 2023.12

高等职业教育“十四五”精品规划教材

ISBN 978-7-5618-7663-3

Ⅰ. ①焊… Ⅱ. ①孙… ②刘… ③韩… ④赵… ⑤段… ⑥蒋… Ⅲ. ①焊接机器人－程序设计－高等职业教育－教材 Ⅳ. ①TP242.2

中国国家版本馆CIP数据核字(2024)第040393号

出版发行	天津大学出版社
地　　址	天津市卫津路92号天津大学内（邮编：300072）
电　　话	发行部：022-27403647
网　　址	www.tjupress.com.cn
印　　刷	廊坊市瑞德印刷有限公司
经　　销	全国各地新华书店
开　　本	889mm×1194mm　1/16
印　　张	11.25
字　　数	332千
版　　次	2023年12月第1版
印　　次	2023年12月第1次
定　　价	48.00元

编委会

主　编　孙　静　刘　婧　韩亚鹏

副主编　赵运婷　段海雁　蒋国辉

参　编　刘　小

前　言

当前，机器人产业蓬勃发展，正极大地改变着人类生产和生活方式，并为经济社会发展注入强劲动能。通过持续创新、深化应用，全球机器人产业规模快速增长，集成应用大幅拓展。

我国正处于产业转型升级的关键时期，传统的手工焊接已不能满足现代高技术产品制造的质量和数量要求，现代焊接加工开始向着机械化、自动化、智能化方向迅速发展。焊接智能化在实际工程中的应用快速发展，已经成为先进制造技术的重要组成部分。

智能焊接技术主要是通过模拟焊工焊接操作过程中的行为，进而实现机器人的自动智能化焊接。近年来，机器人智能化焊接技术已成为制造行业关注的关键技术和研究热点。采用智能化的焊接机器人来代替人工操作进行焊接已经不再是遥不可及的梦想，而智能焊接技术的应用也极大地提升了制造行业的工作效率，并推动我国制造行业持续向智能化的方向发展。

焊接机器人在应用过程中需要快速地收集焊接动态以及焊接周边条件的数据信息，通过类似于人类的传感器设备感受外部的焊接环境和条件；然后通过模拟焊工的手部动作以及工作经验，分析并且提取焊接动态过程中的肌理特征，从而建立起与焊接过程和质量控制有关的模型；最后通过设计焊接动态过程的智能控制系统控制焊接机器人代替人工实现焊接全过程，从而达到智能控制以及自主焊接的目标。

本书贯彻国家及行业标准，在介绍焊接机器人的基本概念、结构组成、分类及应用等基本理论的基础上，采用基于工作过程的项目式教学，将焊接机器人的操作实践和编程应用与焊接机器人的基本原理、结构等理论内容有机结合，使学生通过实际任务训练掌握焊接机器人的基本知识和操作技能。

本书在编写时采用任务导入和项目化思路，将理论与实践相结合。活页式教材在形式上更加新颖活泼，在内容上更加强调精练简洁，降低了学生的理论学习难度；与此同时，又可以让学生的职业操作能力得到充分锻炼，以满足岗位的需求。活页式教材能够随时根据行业发展情况更换或增减书页，降低了学校及教师为适应新的行业要求更新教材所产生的额外成本。

本书以焊接机器人为载体，将专业知识的内容融入不同载体中，创设相应的学习任务。按照智能焊接技术专业的职业岗位，根据典型焊接任务设置学习项目的工作任务，体现智能焊接技术理念，培养学生具备精操作、懂工艺、善协作、能创新的工匠精神。本书中配备教学微课、动画、复习思考题，可供职业院校智能焊接技术专业师生使用。

本书由天津城市建设管理职业技术学院孙静、刘婧、赵运婷、段海雁、蒋国辉，伏能士智能设备（上海）有限公司韩亚鹏，三一重工三一机器人科技有限公司刘小共同编写。其中，项目一、项目二由孙静、刘婧、韩亚鹏编写，项目三由孙静、赵运婷、韩亚鹏编写，项目四由孙静、段海雁、刘小编写，项目五由孙静、蒋国辉、刘小编写，项目六由孙静、韩亚鹏编写。全书由孙静负责筹划并统稿。

本书在编写过程中得到了伏能士智能设备（上海）有限公司、三一重工三一机器人科技有限公司的帮助和支持，此外本书的编写还参考了相关文献资料，在此一并表示衷心的感谢。

限于编者水平，且智能焊接技术发展迅速、创新不断，书中难免存在疏漏和不妥之处，恳请广大读者批评指正。

编者

2023年7月

Contents

项目四　焊接机器人示教编程

项目五　机器人焊接指令编程

项目六　机器人弧焊示教编程

参考文献

项目一

焊接机器人概述

项目描述

工业机器人的出现是人类在利用机械进行社会生产史上的一个里程碑，本项目通过介绍工业机器人的概念及其系统组成，使学生熟悉工业机器人的机械结构和常用术语，并掌握焊接机器人的核心应用特点。

知识目标

- （1）能够描述工业机器人的内涵与系统组成。
- （2）了解焊接机器人的常见类型及组成。
- （3）掌握焊接机器人的基本工作原理。

素养目标

- （1）培养学生的爱国精神，激发学生科技报国的家国情怀和使命担当。
- （2）使学生感受焊接底蕴，激发专业热情，树立正确的职业观、就业观和成才观。

任务一 焊接机器人的认识

一、认识工业机器人

1. 工业机器人的概念

工业机器人是一种在计算机控制下的可编程的自动化机器，该机器具有高度灵活性和多种能力，如感知能力、规划能力、动作能力和协同能力等。工业机器人的特征主要体现在以下方面：

（1）其动作机构具有类似于人或其他生物体的某些器官的功能；

（2）其具有通用性，可从事多种工作，可灵活改变动作程序；

（3）其具有不同程度的智能性，如记忆、感知、推理、决策、学习等；

（4）其具有独立性，完整的机器人系统在工作中可以不依赖人类的干预。

2. 工业机器人的发展

1959 年，美国发明家英格伯格与德沃尔设计制造出了世界上第一台工业机器人，取名为尤尼梅特（Unimate）。工业机器人的发展经历了以下三个阶段。

（1）第一代机器人：示教再现型机器人（teaching and playback robot）。

（2）第二代机器人：带感觉的机器人（robot with sensors），具有类似人的某种感知功能，如力觉、触觉、视觉、听觉等。

（3）第三代机器人：智能机器人（intelligent robot），具有判断、决策能力。

3. 工业机器人的构成

工业机器人由机械手总成、控制器、传感器三大部分组成。

（1）机械手总成：机器人的执行机构，由驱动器、传动机构、机器人臂、关节、末端操作器等组成。机械手总成负责保证末端操作器所要求的位置、姿态和实现其运动。

（2）控制器：整个机器人系统的神经中枢，由计算机硬件、软件和一些专用电路构成，其软件包括控制器系统软件、机器人专用语言、机器人运动学及动力学软件、机器人控制软件、机器人自诊断及自保护软件等。控制器负责处理工业机器人工作过程中的全部信息和控制其全部动作。

（3）传感器：内、外部传感器。其中，内部传感器用于检测机器人的状态（如手臂间的角度），多为检测位置和角度的传感器；外部传感器用于检测机器人所处环境及状况，如接近传感器（防碰撞）、力觉传感器、听觉传感器等。总体来说，这些传感器用于检测机器人的内部状态或外部环境信息。

二、工业机器人的分类及应用

工业机器人可以按控制方式、自由度、结构、应用领域等进行分类。工业机器人按应用领域进行分类，应用较多的四大类型为搬运机器人、装配机器人、喷涂机器人及焊接机器人。

搬运机器人被广泛应用于机床上下料、冲压机自动化生产线、自动装配流水线、码垛搬运、集装箱等的自动搬运。装配机器人主要用于各种电器、小型电机、汽车及其部件、计算机、玩具、机电产品及其组件的装配等。喷涂机器人广泛用于汽车、仪表、电器、陶瓷等工艺生产部门。焊接机器人最早应用在装配生产线上，主要用于汽车、船舶、机车车辆、锅炉、重型机械生产制造等领域。

焊接机器人是焊接自动化的革命性进步，它突破了焊接刚性自动化的传统方式，开拓了一种柔性自动化的新方式。焊接机器人的主要优点如下：

（1）焊接水平稳定和焊接质量高，保证焊接产品的均一性；

（2）提高了生产率，一天可 24 h 连续生产；

（3）可在有害环境中长期工作，改善了焊接工人的劳动条件；

（4）降低了对工人操作技术的要求；

（5）可实现小批量产品焊接自动化；

（6）为建立焊接柔性生产线提供了技术基础。

三、认识焊接机器人

1. 焊接自动化的概念

焊接自动化主要是指焊接生产过程的自动化。其主要任务是在采用先进的焊接、检验和装配工艺的基础上，建立不需要人直接参与焊接过程的焊接加工方法和工艺方案，以及焊接机械装备和焊接系统的结构与配置。其核心是实现没有人直接参与的自动焊接过程。

焊接自动化有两方面的含义：

（1）焊接工序的自动化；

（2）焊接生产过程的自动化，包括从备料、切割、组对、焊接到检验等一系列工序的焊接产品生产全过程的自动化。

2. 焊接机器人系统

焊接机器人就是一种高度自动化的焊接设备。采用工业机器人代替工人进行焊接作业是焊接制造业的发展趋势，是提高焊接质量、降低成本、改善工作环境的重要手段。机器人焊接作为现代智能制造技术发展的重要标志已被国内许多企业所接受，并且越来越多的企业首选焊接机器人作为技术改造的方案。焊接机器人一直向高精度、高质量发展，行走机构的定位精度为 0.1 mm，移动速度的控制精度为 0.1 mm，与焊接机器人配套的焊接变位机的重复走位精度高达 0.05 mm。

焊接机器人系统是一个典型的焊接自动化系统（图 1-1），主要由机器人本体、变位机、传感器、控制器、自动焊机（包括焊接电源、焊枪等）等部分构成，其基本构成单元包括机械装置、执行装置、能源、传感器、控制器和自动焊机。

（1）机械装置是能够实现某种运动的机构，是配合自动焊机进行焊接加工的装置，如机器人本体、变位机、悬臂操作机等。

（2）执行装置是驱动机械装置运动的电动机或液压、气动装置等。

（3）能源是驱动电动机的电源等。

（4）传感器主要用于检测机械运动、焊接参数、焊接质量等。

（5）控制器主要包括用于机械运动控制的计算机、单片机、可编程控制器以及电子控制系统等。

（6）自动焊机包括焊接电源、送丝机、焊枪等，它是一个独立的焊接系统。

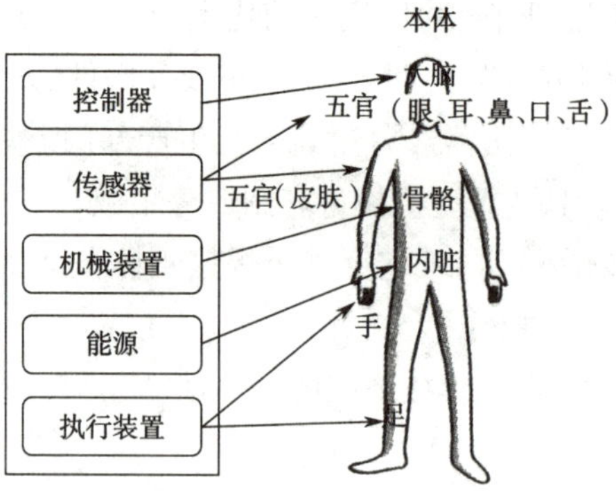

图 1-1　焊接自动化系统

任务二　焊接机器人的分类及组成

一、焊接机器人的分类

世界各国生产的焊接机器人基本上都属关节型机器人，绝大部分有六个轴。目前，应用比较普遍的焊接机器人主要有三种：点焊机器人、弧焊机器人和激光焊接机器人。

典型的焊接机器人系统按受控运动方式可分为点位控制型和连续轨迹控制型两种。其中，点位（Point to Point，PTP）控制型主要有点焊机器人（图 1-2）等。连续轨迹（Continous Path，CP）控制型主要有弧焊机器人（图 1-3）、激光焊接机器人（图 1-4）、搅拌摩擦焊接机器人（图 1-5）等。

图 1-2　点焊机器人

图 1-3　弧焊机器人

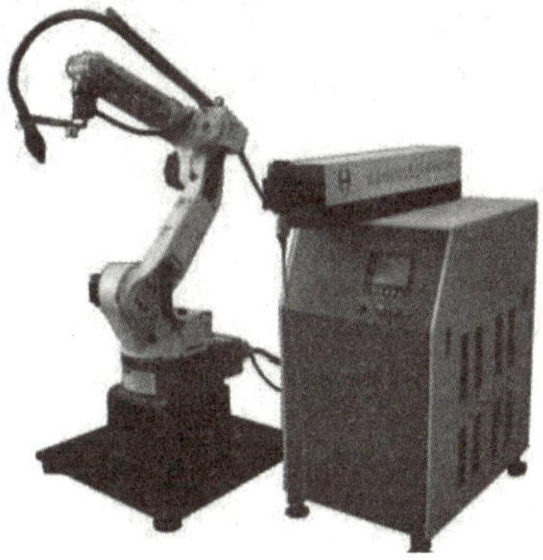

图 1-4　激光焊接机器人

图 1-5　搅拌摩擦焊机器人

点焊机器人是用于点焊自动作业的工业机器人，其末端持握的作业工具是焊钳。点焊通常可分为双面点焊和单面点焊两大类。双面点焊时，电极由工件的两侧向焊接处馈电。典型的双面点焊方式是最常用的方式，这时工件的两侧均有电极压痕，用大焊接面积的导电板作下电极，可以消除或减轻下面工件的压痕，常用于装饰性面板的点焊。同时焊接两个或多个焊点的双面点焊，若采用一个变压器，应将各电极并联，所有电流通路的阻抗必须基本相等，而且每一焊接部位的表面状态、材料厚度、电极压力都必须相同，这样才能保证通过各个焊点的电流基本一致；若采用多个变压器，则可以避免以上问题。工业机器人在焊接领域的应用最早是从汽车装配生产线上的电阻点焊开始的。点焊机器人不仅要有足够的负载能力，而且在点与点之间移位时速度要快捷、动作要平稳、定位要准确，以提高工作效率。点焊机器人具有与外部设备通信的接口，可以通过接口接收上一级主控和管理计算机的控制命令并进行工作，故可由多台点焊机器人构成一个柔性点焊焊接生产系统。

弧焊机器人是用于弧焊（主要有熔化极气体保护焊和非熔化极气体保护焊）自动作业的工业机器人，其末端持握的工具是焊枪。电弧焊是工业生产中应用最广泛的焊接方法，其原理是利用电弧放电所产生的热量将焊条与工件熔化，并在冷凝后形成焊缝，从而获得牢固接头。弧焊过程比点焊过程要复杂得多，被焊工件由于局部加热熔化和冷却产生变形，焊缝轨迹会发生变化。由于弧焊工艺早已在能源行业中得到普及，使其在汽车及其零部件、摩托车、工程机械、铁路机车制造及航空航天、化工等行业被广泛应用。

激光焊接机器人是用于激光焊自动作业的工业机器人，通过高精度工业机器人实现更加柔性的激光加工作业，其末端持握的工具是激光加工头。激光焊接具有热输入量小、热影响区极小等优点，在显著提高焊接产品品质的同时，可减少后续工作所需时间。

二、焊接机器人系统的组成

采用机器人进行焊接，只有一台工业机器人本体是不够的，还必须配备外围设备。常规的焊接机器人系统由以下四部分组成。

（1）机器人本体：一般是伺服电机驱动的六轴关节型操作机，由驱动器、传动机构、机械手臂、关节以及内部传感器等组成。其任务是精确地保证机械手末端（焊枪、焊钳）达到或实现所要求的位置、姿态和运动轨迹。

（2）机器人控制柜：机器人系统的神经中枢，包括计算机硬件、软件和一些专用电路，负责处理机器人工作过程中的全部信息和控制其全部动作。

（3）焊接电源系统：由焊接电源及相关装置控制，与机器人控制柜建立焊接参数通信。

（4）其他设备：包括焊枪、焊钳、焊接传感器、系统安全保护设施及焊接工装夹具等。

按照常见的焊接工艺，典型焊接机器人主要可分为点焊机器人和弧焊机器人。

点焊机器人系统主要由操作机、控制系统、示教器和点焊焊接系统等组成。点焊机器人本体多为关节型六轴机器人，其驱动方式主要为液压驱动和电气驱动，其控制系统由本体控制系统和焊接控制系统两部分组成，其焊接系统主要由点焊控制器、焊钳、水、电、气等辅助部分组成。点焊机器人系统组成如图 1-6 所示，具体设备如图 1-7 所示。

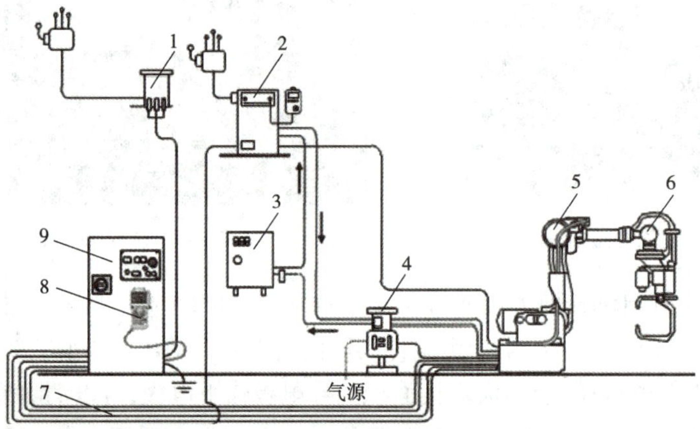

图 1-6　点焊机器人系统组成

1—机器人变压器；2—焊接控制器；3—水冷机；4—气/水管路组合体；5—操作机；6—焊钳；7—供电及控制电缆；8—示教器；9—控制柜

图 1-7　点焊机器人设备

弧焊机器人系统主要由操作机、控制系统、示教器、弧焊系统、变位机及安全设备等组成。弧焊机器人本体一般采用关节型六轴机器人,其运动按连续轨迹控制,工具中心点(Tool Center Point,TCP)也就是焊枪或焊丝端头的运动轨迹、姿态、焊接参数都要求能精确控制在可以实施复杂形状焊缝的机器人电弧焊。弧焊机器人控制系统在控制原理、功能及组成上和通用工业机器人基本相同。弧焊机器人系统组成如图 1-8 所示,具体设备如图 1-9 所示。其中,弧焊系统是机器人完成弧焊作业的核心装备,主要由弧焊电源、送丝机、焊枪和气瓶等组成。

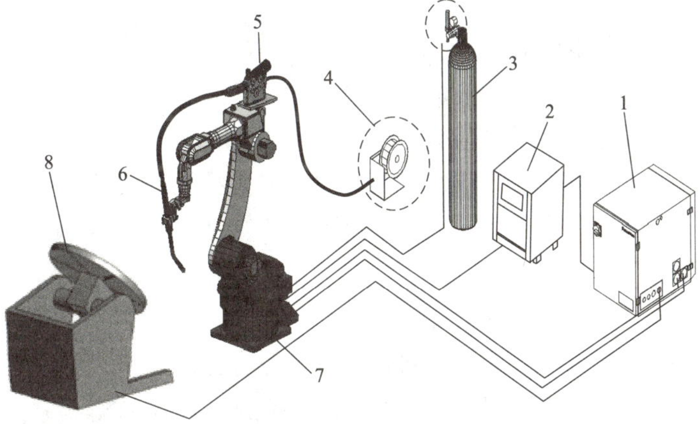

图 1-8　弧焊机器人系统组成

1—机器人控制柜及示教器;2—全数字焊接电源;3—气瓶及气体流量计;4—焊丝盘架;5—送丝机构;6—焊枪;7—机器人本体;8—变位机

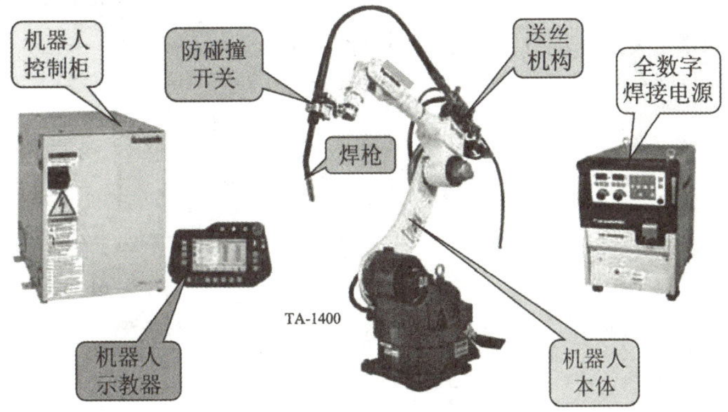

图 1-9　弧焊机器人设备

任务三　焊接机器人的特点

使用机器人完成一项焊接任务，只需要操作人员对机器人进行一次示教，随后机器人即可精确地再现示教的每一步操作。如需要让机器人去做另一项工作，无须改变任何硬件，只要对机器人再进行一次示教即可。

焊接机器人易于保证焊接产品具有高质量和高稳定性，并保证焊接质量的均一性；应用高速高效焊接技术，能够实现连续生产，提高焊接生产效率，降低焊接操作人员的劳动强度和对其焊接技术水平的要求；可在严酷的作业环境中工作，提高操作人员的安全性，并使工作环境得到改善。焊接机器人不仅实现了焊接生产的自动化，并且具有一定的柔性，缩短了焊接产品改型换代的准备周期，减少了硬件设备投资，还可以完成人不能完成的焊接，如狭小管道焊接、空间曲线焊缝的焊接等。

对于小批量、多品种、体积或质量较大的产品，可根据其焊缝的空间分布情况，采用简易焊接机器人工作站或焊接变位机和机器人组合的机器人工作站进行焊接作业，以适用于“多品种、小批量”的柔性化生产。对于体积小、易输送，且批量大、品种规格多的产品，应将焊接工序细分，采用机器人与焊接专机组合的生产流水线，结合模块化的焊接夹具以及快速换模技术，从而达到投资少、效率高的低成本化、自动化、智能化生产目的。

焊接工艺对焊接机器人的基本要求：

（1）具有高度灵活的运动系统，以及较高的定位精度和重复精度；

（2）具有焊接点的示教功能，示教系统应具有较强的插补功能；

（3）可设置和再现与运动相联系的焊接工艺参数，并能和焊接辅助设备（如夹具、转台、变位机等）交换到位信息；

（4）具有足够的工作空间；

（5）末端具有摆动功能；

（6）具有较强的抗干扰能力、焊接工艺故障自检和自处理功能。

焊接机器人能高精度地使焊枪沿着焊缝移动并保证焊枪的姿态，并在焊枪移动过程中不断协调焊接工艺参数（如焊接电流、电压、速度、气体流量、电极高度和送丝速度等）。因此，焊接前期准备工作要求高，机器人与焊件相对位置要十分准确。焊接机器人是一个能实现焊接最佳工艺运动和参数控制的综合系统。操作焊接机器人，要求操作人员既要懂机器人操作，又要懂机器人焊接工艺，知道如何匹配机器人的轨迹、姿态、速度、焊接参数，从而获得合格的焊缝。这需要操作者不仅要掌握正确的操作方法，而且要有精益求精的工作责任感，具有“精准、快速、协同、规范”的职业素养。

任务四　焊接机器人的应用

据不完全统计，全世界在役的工业机器人中大约有一半被用于各种形式的焊接加工领域。

近年来，随着我国经济的高速发展，对能源的需求不断加大，与能源相关的制造行业为了提质增效都开始寻求采用自动化焊接技术，因此焊接机器人迎来了新的发展机遇。

目前，典型的焊接机器人被广泛应用于汽车、摩托车、工程机械、核电风电、航空航天、船舶海工、轨道交通、国防军工、家用电器、民用五金等制造业，如图 1-10 所示。典型结构的焊接机器人应用如下。

一、汽车激光焊工作站

在汽车制造中，采用高功率激光焊接技术可以提高产品设计的灵活性，提高生产率，增强车身的刚度，提高产品质量和市场竞争力。高功率激光焊接技术应用于汽车制造中的工艺主要有高功率激光自熔焊接技术、高功率激光复合焊接技术、激光焊接焊缝跟踪技术、高功率激光远程焊接技术。汽车激光焊工作站如图 1-11 所示。

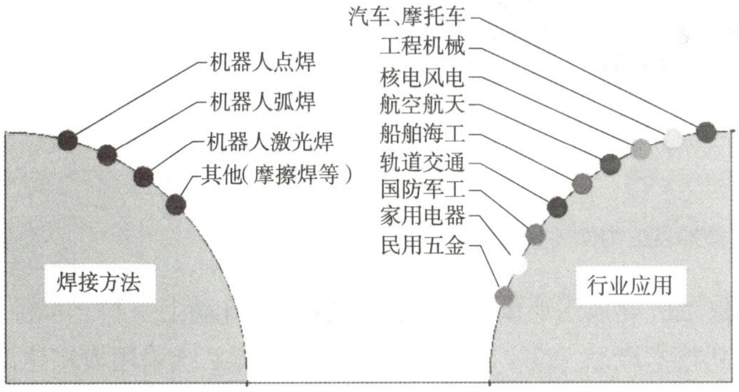

图 1-10　焊接机器人行业应用

图 1-11　汽车激光焊工作站

激光复合焊接技术结合了激光焊和传统气体保护焊(电弧焊)两者的优点。这种焊接方法的特点包括：激光焊能在较小的热输入量和小的焊接热影响区条件下获得较大的熔深；所附加的气体保护焊可以大大扩展接头根部间隙的大小，改善表面状态和杂质的允许量；提高焊缝根部间隙填充和成型质量，以及加强对焊接冶金的控制。与纯电弧焊技术相比，激光复合焊接技术兼具激光焊接和电弧焊的优点，适用于铝合金、钛合金、镁合金及高合金钢等材料的焊接。激光复合焊接技术在汽车、机车、管道等制造工业领域已经获得广泛应用。

焊缝跟踪是实现激光焊接自动化的一个重要组成部分。激光焊缝跟踪系统原理上是一个光学焊缝跟踪系统，主要由激光条纹传感器、分析单元和线性驱动器组成。激光焊缝跟踪系统的优点包括：非接触式根踪系统克服了机械探针式系统的固有缺陷，如不能处理对接工件，以及小间隙和点固焊缝等；应用焊缝跟踪可以保证焊接精度，提高焊接质量和生产率，降低返修率和废品率；降低对焊接结构装配件的装配和定位精度要求，从而节约工装夹具成本。

激光焊接焊缝跟踪系统既可以与机器人集成，也可以与数控机床集成。其通常跟踪的焊缝接头形式有对接、角接、搭接、T 形接头、V/Y 形坡口接头等，广泛应用于汽车及汽车零部件(如车顶激光焊接)、钢材(如激光拼焊板)、航空航天、造船、管道等领域,可提高激光焊接的质量和自动化程度。

高功率远程激光焊接技术已成为替代传统电阻点焊的重要焊接方法。与传统激光焊接相比,远程激光焊接技术的主要优势包括:定位精度高、定位时间短、焊接速度快、焊接效率高;工作距离长,不会与焊装夹具干涉,光学镜片污染少;编程灵活,可量身定制焊缝形状,结构优化,强度提高等。与电阻点焊相比,远程激光焊接技术充分发挥了单侧、非接触式激光焊接的技术和经济优势,并将其与高速扫描振镜的优势相结合,提高了总生产率,可应用于日益增多的汽车覆盖件及零部件的焊接。其应用领域包括汽车白车身焊装及其零部件的激光连接,如汽车座椅、车门、发动机罩、B 柱、开关柜、保险杠、仪表盘、气阀等。

汽车车身覆盖件及结构件激光焊接工作站是集激光焊接、弧焊、涂胶、机器人视觉、离线编程、焊缝跟踪、数控技术、自动化技术、追溯系统等于一体的高新技术产品,具有高精度、高效率、高自动化等特点,具备智能化制造接口,可与工厂制造执行系统(Manufacturing Execution System, MES)连接,实现产品数据和质量追溯,轻松实现智能制造,如图 1-12 所示。

图 1-12　汽车车身覆盖件及结构件激光焊接工作站

全自动激光拼焊系统,即全新智能化全自动激光拼焊板生产线,其是集激光焊接、自动上下料、焊缝跟踪、焊缝质量检测、产品数据化管理等于一体的高新技术产品,如图 1-13 所示。激光拼焊系统采用模块化设计,根据客户需求提供手动、半自动、全自动拼焊系统,可将多张不同厚度、强度、材质的钢板拼焊成能进行冲压的板材,已成功应用于车身立柱、门内板、侧围、前纵梁、天窗等汽车零部件的焊接。

二、白车身点焊机器人离线编程工作站

离线编程是指编程操作人员利用相对于机器人独立的计算机(PC 机或工作站)完成机器人程序的编辑、修改乃至仿真调试过程,而无须机器人本身以及相关辅助设备的参与。离线编程可减少机器人的非工作时间,当对下一个任务进行编程时,机器人仍可在生产线上工作,且一套编程系统可以给多台机器人提供运动程序。离线编程能完成示教难以完成的复杂、精确的编程任务,通过图形编程系统动画仿真可以验证和优化程序,从而实现中小批量生产要求。

对于白车身点焊,一个工作站通常有 4 台甚至更多台机器人,工作时机器人之间的干涉很难避免。例如,当机器人 1 和机器人 2 同时对立柱进行焊接时,两台机器人很可能发生干涉。通过路径优化,可以使机器人 2 先通过干涉区,这样机器人 1 和机器人 2 同时工作时就不会发生干涉。但当机器人 2 在工作中发生故障停在干涉区中时,后进入干涉区的机器人 1 就会与机器人 2 发生碰撞,从而发生事故。

因此,通过路径优化可以节约生产节拍,而机器人之间的安全性就需要通过干涉区设置来保障;尤其是当机器人比较多、焊点分布区域广、干涉区重叠时,有的干涉区不能通过路径优化避免,而必须让其中一台机器人等待,在这些情况下干涉区的设置就成为项目调试中不可或缺的环节。

使用离线编程技术之前,干涉区由示教人员根据现场情况在现场设置,会出现干涉区设置不规范、格式不统一等问题;使用离线编程技术之后,干涉区的设置由离线编程人员在仿真软件中使用统一格式完成,并经过反复验证,既可保证机器人之间的安全,又可做到路径最佳,如图 1-14 所示。

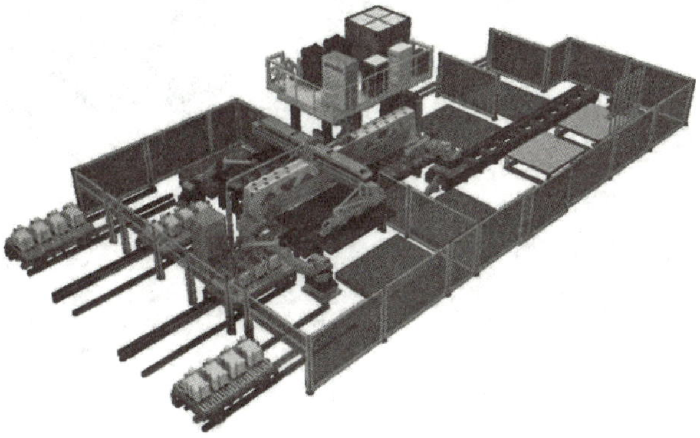

图 1-13　全自动激光拼焊板生产线

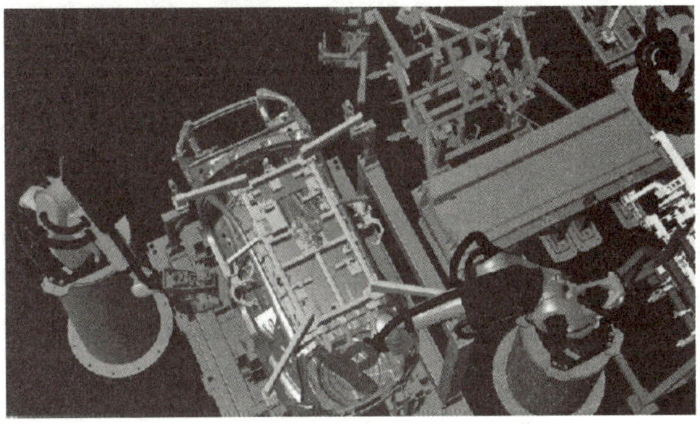

图 1-14　点焊机器人协助完成白车身点焊

运行离线程序时,仿真软件能够记录机器人的运行时间,并与实际情况相比较,软件运行时间的误差小于 5%。在离线技术出现之前,往往只能通过焊点数目估算机器人的动作节拍,这样带来的误差比较大,而使用离线编程技术预测节拍,对把握整个生产节奏和预测产量很有帮助。在整体上把握点焊机器人的路径、姿态和干涉区后,可以提高示教质量,节约现场示教时间,提高示教的工作效率。使用离线程序示教,与以往现场示教相比,平均可节约 80%的示教时间。

三、管道焊接机器人

随着天然气、石油管道等能源化工产业不断发展,用传统焊接技术实现对输油、输气管道的焊接存在较大难点。管道焊接机器人是用于管道焊接的自动焊接设备,在焊接中使用气体保护焊进行焊接操作,焊接质量稳定,操作人员可以手动调整多个焊接参数,确保得到预想的焊接质量,保证各个焊缝焊接质量的均匀性。管道焊接机器人可以沿着管道内部或者外部自动行走进行焊接作业或者维护保养工作的自动机械设备。管道焊接机器人拥有多种传感器和智能控制系统,可以通过人员控制,灵活进出管道,从而进行焊接以及检修作业。

管道外壁和内壁的焊接工作均比较困难,需要灵活性较高的焊接设备进行焊接,传统焊机在焊接过程中容易受人为因素的影响,工作效率低且焊接质量不稳定。管道焊接机器人采用推拉小车式装置完成焊接工作,在管道内外移动方便,可以灵活进行焊接。

管道焊接机器人通过智能控制系统完成焊接工作,针对焊缝进行精确焊接,在保护焊件不易变形的情况下,可以保证焊缝的美观度。管道焊接机器人可以根据环境的复杂性进行自动调整,选用合适的焊接参数对管道进行焊接,如图 1-15 所示。

四、罐体焊接机器人

随着各行业对罐体的需求量不断增大,传统焊接技术面临着质量和效率的双重挑战,而无法满足客户的焊接需求。罐体焊接在焊接中工作量比较大,并且容易发生焊接变形,从而对焊接工艺要求较高。焊接机器人可以解决罐体焊接中的难题,可以用于罐体和压力容器的焊接,其结构紧凑、焊接灵活性较高,在储气罐、压力容器、换热器、石油和天然气管道等的生产加工领域应用广泛,如图 1-16 所示。

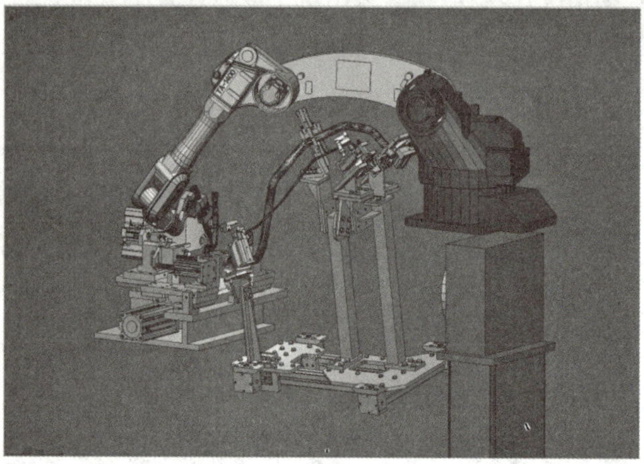

图 1-15　管道焊接机器人

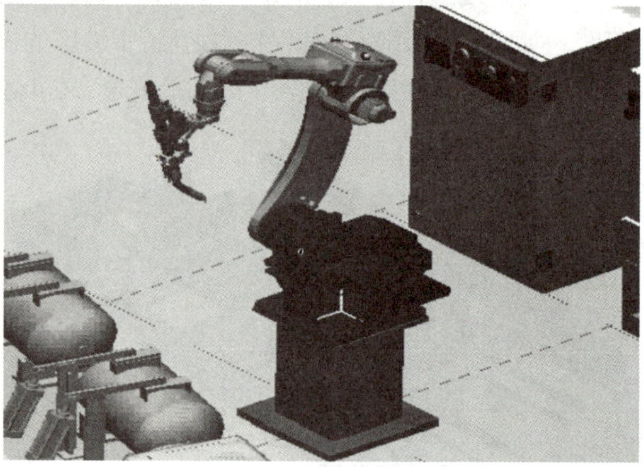

图 1-16　罐体焊接机器人

罐体焊接机器人对罐体焊接的应用特点体现在以下方面。

(1)选择并严格执行焊接工艺。在选择焊接工艺时,需要根据工件的规格、材质、焊接方法等,按照国家现行标准或行业规定进行工艺评定,选择合适的焊接工艺。焊接机器人对于罐体的焊接多数采用的是氩弧焊焊接工艺,利用惰性的氩气作为保护气体来保证焊接的稳定性,严格执行焊接工艺可以在焊接过程中减少发生焊接缺陷的概率。

(2)提高罐体焊接质量。罐体焊接机器人对于不同罐体的焊接,需要满足不同的焊接需求,对焊条、焊接速度、焊丝等的要求不尽相同。对于抗拉强度≥430 MPa、板厚≥13 mm 的焊缝,应采用低氢型焊条,采用药芯焊丝进行焊接也可以保证焊接质量。

(3)降低工人的劳动强度。在传统罐体焊接中,工人对罐体进行焊接时需要进行爬高焊接,并且在焊接中会与有害物质进行直接接触,从而对人体造成伤害,形成职业病。罐体焊接机器人可代替工人在恶劣的环境中工作,焊接过程可做到无人化自动焊接。

(4)提高焊接速度。由于压力容器和罐体焊接环节的施工相对复杂,且工艺流程烦琐,需要对生产工艺进行严格管理。罐体焊接机器人采用离线编程示教的方式,可将焊接流程在三维仿真模型中进行演练,优化焊接流程和工艺,有利于在实际焊接工作中提高焊接速度。

五、管道环缝全位置自动焊

管道环缝全位置自动焊是指在管道相对固定的情况下,焊接小车带动焊枪沿轨道围绕管壁运动,从而实现自动焊接,如图 1-17 所示。管道环缝全位置自动焊接装置由焊接小车、行走轨道、自动控制系统等组成。研制全位置自动焊接装置的目的是提高焊接质量和劳动生产率,减轻工人的劳动强度。

图 1-17　管道环缝全位置自动焊

目前,国际上研究管道焊接装置的公司很多,如美国的 CRC 公司、德国的 VENTZ 公司、乌克兰的巴顿焊接研究所、法国的梅萨公司、瑞典的伊萨公司等。这些公司在管道焊接装置的研究方面水平很高。法国的梅萨公司在小管径管道焊接方面具有很高的技术水平,相关技术主要应用于航天航空工业、核工业的高精度焊接。该公司的自动焊接采用细丝钨极气体保护(TIG)焊接工艺,具有相当高的焊接质量,但相对于熔化极气体保护(MIG)焊接工艺而言效率比较低。而美国的 CRC 公司、德国的 VENTZ 公司、乌克兰的巴顿焊接研究所在大管径管道的全位置焊接方面有比较深入的研究,主要采用 MIG 焊接工艺,利用计算机控制焊接的全过程,在确保焊接质量的情况下,焊接效率高,而且配套设施齐全。

面对日趋激烈的国际市场竞争,要想在管道焊接市场中占据一席之地,必须提高施工装备和技术的水平,因此研究管道全位置自动焊接装置对提高我国的管道施工水平具有十分重要的现实意义。

六、蛇形管附件焊接机器人系统

2021 年初,由东方锅炉(集团)股份有限公司牵头研制的国内首台蛇形管附件焊接机器人系统正式投用,填补了国内锅炉行业蛇形管管屏附件自动焊接装备的空白,打造了锅炉制造装备领域的精品工程,如图 1-18 所示。其中,蛇形管是电站锅炉受热面的核心部件。该系统可对工件进行自动夹持、自动纠偏、自动传送、自动寻找焊缝及自动焊接等。

图 1-18　国内首台蛇形管附件焊接机器人系统

项目小结

随着航天、新能源汽车、移动通信等领域的发展，以及新材料、新工艺的不断应用，制造业对自动化焊接技术提出了更高的要求，而且国产“智能制造”的发展大趋势要求发展更环保、更便捷、更智能、更节能、更降耗的技术。焊接机器人行业在现有产品和技术基础上，将聚焦自有核心技术的研发与应用，构建以数字化、信息化、智能化、网络化技术为主的智能制造数字化工厂，以昂扬姿态奋力开启全面建设的伟大新征程。

复习思考题

1. 什么是工业机器人?
2. 机器人的基本构成是什么? 各主要部分的作用是什么?
3. 机器人焊接的特点是什么?
4. 弧焊机器人和点焊机器人在实际应用中有什么区别?
5. 举例说明焊接机器人在装备制造业中的应用案例。

项目二

认识焊接机器人

项目描述

中国从制造大国向科技强国(以航空航天、高端制造业等为标志)迈进的过程中,自主发展和创新焊接领域的设计、制造势在必行。焊接行业对技术技能型人才的需求量非常大,特别是焊接机器人等自动化焊接设备的使用,对从业人员的综合素质要求很高。为提高我国装备制造业的国际竞争力,传统焊接正在向智能化转型发展。本项目参照“1+X”焊接机器人编程与维护职业技能等级要求,围绕系统认知和安全认知两个领域展开,使学生掌握焊接机器人的工作原理和安全维护内容。

知识目标

- (1)了解 TA1400 焊接机器人的常见结构和安全操作规程。
- (2)熟悉 GII 示教器的按键及其使用功能。
- (3)熟悉焊接机器人的工作原理。
- (4)正确识别焊接机器人实训室设备系统的组成。
- (5)能够正确打开与关闭机器人伺服电源。
- (6)能够使用示教器移动机器人。

素养目标

- (1)培养学生认真、细致、规范、尽责的职业态度,使其形成良好的职业素养。
- (2)使学生具备一定的安全操作、劳动保护等基本职业素养和劳动精神。

任务一　焊接机器人及周边设备

一、焊接机器人系统组成

焊接机器人种类繁多,其系统组成也因待焊工件的材质、接头形式、几何尺寸和工艺方法等的不同而各不相同。综合来看,工业机器人在焊接领域的应用可以看作工艺系统和执行系统的集成与创新。

焊接机器人机械结构的主要特征参数见表 2-1。

表 2-1　焊接机器人机械结构的主要特征参数

指标参数	指标要求		
	熔焊机器人	压焊机器人	钎焊机器人
结构形式	以垂直多关节型结构为主	以垂直多关节型结构为主	平面多关节型结构和垂直多关节型结构
轴数(关节数)	一般为 6~9 轴	一般为 6~7 轴	一般为 4~6 轴
自由度	通常具有 6 个自由度	通常具有 6 个自由度	通常具有 4~6 个自由度
额定负载	3~20 kg(高能束焊接机器人为 30~50 kg)	50~350 kg	≤6 kg
工作半径	800~2 200 mm	1 600~3 600 mm	300~600 mm
位姿重复性	± 0.02~ ± 0.08 mm	± 0.07~ ± 0.3 mm	± 0.01~ ± 0.02 mm
基本动作控制方式	PTP 和 CP 两种方式	PTP 和 CP 两种方式	PTP 和 CP 两种方式
安装方式	固定式(落地式和悬挂式)、移动式(地轨式和龙门式)	固定式(落地式和悬挂式)	固定式(台面固定安装)

机器人制造厂商针对熔焊、压焊、钎焊应用,所开发的各类焊接机器人功能软件包见表 2-2。

表 2-2　各类焊接机器人功能软件包

机器人类别	制造厂商	焊接软件包
熔焊机器人	ABB	RobotWare Arc, Production Manager, VirtualArc
	KUKA	KUKA.ArcTech, KUKA.LaserTech, KUKA.MultiLayer, KUKA.ready2_arc
	FANUC	ArcTool, LaserTool, Servo Torch, Smart Arc
	YASKAWA-MOTOMAN	Universal Weldcom Interface
	KAWASAKI	KCONG
	KOBELCO	AP-SUPPORT, ARCMAN ™ PLUS
压焊机器人	ABB	RobotWare Spot
	KUKA	KUKA.ServoGun, KUKA.ready2_spot
	FANUC	SpotTool

续表

机器人类别	制造厂商	焊接软件包
钎焊机器人	UNIX	TSCO WIN，TSUTSUMI SEL Software
	TSUTSUMI	USW-RK410RE

二、焊接系统

焊接系统是焊接机器人完成自动化焊接作业的核心工艺设备。由于焊接工艺的不同，熔焊、压焊和钎焊所用焊接设备的差异较大，主要体现在焊接电源和设备接口等方面。

1. 焊接电源

焊接电源为焊接提供电流、电压，并具有适合于弧焊和类似工艺所需特性的设备。常见的弧焊机器人的焊接电源（简称弧焊电源）主要有弧焊发电机、弧焊变压器和弧焊整流器等部件。

弧焊机器人对焊接电源的要求远比普通焊接要高，这是由于手工焊接过程中工人可以使用很多灵活的焊接技能和手法，而这些技能和手法目前无法移植到机器人焊接中。因此，对机器人弧焊电源而言，对弧焊机器人焊接工艺的适用性就成为其设计上需要考虑的重要因素。

因此，弧焊电源需要具有稳定性高、动态性能佳、调节性能好等特点，同时需要具备可以与机器人进行通信的接口，焊接设备也需要具有专家数据库和全数字化系统，还需要配置自动化送丝机，且送丝机可以安装在机器人的肩部。

为了满足机器人焊接对焊接质量和生产率的一系列要求，焊接电源除需要满足电流、电压可调等普通弧焊电源的功能要求外，还需要具备以下工艺性能：引弧电流大小可调节，引弧电流持续时间可调节，弧长修正可调节，电感大小可调节，收弧电流大小可调节，收弧电流持续时间可调节，回烧修正可设置，电缆补偿可设置，预通气时间可设置，滞后断气时间可设置，引弧/收弧电流衰减可设置，以上这些功能和机器人通信后可以通过机器人来调节。

2. 机器人和焊接电源的通信方式

目前，机器人和焊接电源的主流通信方式主要有 I/O 通信、总线通信和以太网通信等。

1）I/O 通信

弧焊电源的 I/O 通信是机器人 CPU 基于系统总线通过 I/O 电路与焊接电源交换信息，需要外部提供 24 V 电源，它又可分为以下两种。

（1）数字 I/O 通信：可以直接与机器人进行通信连接。

（2）模拟 I/O 通信：需要通过 A/D 转换才能与机器人进行通信连接。

I/O 通信方式存在接线麻烦、需要的空间较大、每个点只限一个信号、工作量大、综合成本高等缺点。

2）总线通信

弧焊电源的总线通信网络有 DeviceNet 和 Profibus 两种。

DeviceNet 是一种 20 世纪 90 年代中期发展起来的，基于 CAN 技术的开放型、符合全球工业标准的低成本、高性能的现场总线通信网络。

基于现场总线的 Profibus-DP/PA 控制系统位于工厂自动化系统中的底层，即现场级和车间级。也就是说，现场总线 Profibus 是一种面向现场级和车间级的数字化通信网络。

3）以太网通信

弧焊电源的以太网通信作为现有最通用的局域网通信协议标准，使用 CSMA/CD（载波监听多路访问及冲突检测）技术，具有接线简单、传输速度快、效率高、不需要外部提供 24 V 电源等优点，其是焊接电源与机器人之间较为先进的通信连接方式。

3. 焊枪

机器人焊枪利用焊机的高电流、高电压产生的热量聚集在焊枪终端，熔化焊丝，使熔化的焊丝渗透到需焊接的部位。熔化的焊丝冷却后被焊接的物体便牢固地连接成一体。在弧焊、切割或类似工艺过程中，焊枪是能提供维持电弧所需电流、气体、切削液、焊丝等必要条件的装置。根据机器人焊枪所在位置，可将其分为中空内置焊枪和外置焊枪两种；根据焊枪冷却方式，可将其分为水冷焊枪和空冷焊枪两种。

在机器人焊接中，为使焊枪有效地发挥作用，对其提出了相应的技术要求：

（1）保护气体流经焊枪时，应分布均匀、流速一致，并且有一定的挺度；

（2）焊枪各部件应紧密结合，以保证有良好的导电性能；

（3）焊枪受热部件应得到充分冷却，在额定焊接电流下须能长时间正常工作；

（4）喷嘴与焊枪导电部件及钨极应绝缘良好，以保证喷嘴与工件接触时不产生短路；

（5）质量小，结构紧凑，可达性好，便于操作；

（6）装拆简单，便于更换钨极和维修。

4. 周边（工艺）辅助装备

要实现机器人高效和安全的自动化焊接作业，除保持焊接机器人与焊接系统之间的高度协同外，还需要夹紧、定位、清枪、除尘和防护等周边（工艺）辅助设备。例如，为消除或减小焊接产生的弧光、烟尘和飞溅等，必须使用挡光板、弧光防护帘和焊接烟尘净化器等改善工作环境，并采用护栏、屏障和保护罩等用于规划作业空间的安全防护装置。常见的焊接机器人周边（工艺）辅助设备见表 2-3。

表 2-3　常见的焊接机器人周边（工艺）辅助设备

工艺方法	设备名称	设备功能
弧焊（熔焊）	焊接工作台及焊接夹具	主要用于放置工件，并将工件准确定位与夹紧，以保证装配质量；焊接夹具按动力源可分为手动、气动、液压、磁力、电动和混合式夹具等
	焊接变位机	主要用于将被焊工件转动及移动到最佳的焊接位置（如平焊位置和船形焊位置）；按照驱动电动机数量，可将其分为单轴、双轴、三轴和复合型变位机等
	焊渣除锈装置	用于清除焊缝表面渣壳和飞溅等，一般采用气动（针束）除锈器
	自动清枪器	用于清理焊枪喷嘴内的积尘和飞溅，并向喷嘴内喷防飞溅液；剪除多余焊丝，保证焊枪干伸长度，确保引弧；延长焊枪寿命，提高焊接工作效率
	焊枪更换装置	用于在自动焊接过程中，机器人自动完成焊枪前端组合的直插式更换，操作人员无须进入焊接区更换焊枪，无须停下机器人的运作可直接完成，提高机器人的运作效率
点焊（压焊）	焊接工装夹具	与弧焊机器人类似，用于工件的准确定位与夹紧，保证装配质量
	电极修磨器	用于电极头工作面氧化磨损后的修磨，可提高生产率，也可避免操作人员频繁进入生产线带来的安全隐患
烙铁钎焊	烙铁头清洁器	用于烙铁头清洁，具有清洁时防止焊锡随处飞溅、减少清洁时烙铁头的温度下降、改善焊接工作环境、改善产品质量的作用，适用于高精细焊接工作

任务二　焊接机器人安全操作

由于机器人系统复杂而且危险性大，在使用期间对机器人进行任何操作都必须注意安全。无论什么时候进入机器人的工作范围都可能导致严重的伤害，因此只有经过培训认证的人员才可以进入该区域。

一、操作人员安全注意事项

（1）示教器使用完毕后，务必挂回到控制柜的钩子上；备用工具及类似的器材应放在安全围栏外的合适区域内。

（2）操作时，严格遵守着装要求，焊工必须配备防火服和防火设备，如焊工手套、焊接防护服、安全帽、防尘口罩、绝缘鞋以及带滤镜的护目镜等，如图 2-1 所示。

图 2-1　焊接劳保用品穿戴示意

（3）操作前，必须进行设备点检，确认设备完好，才能开机工作。

（4）操作前，检查电压、气压、指示灯显示是否正常，模具是否正确，工件安装是否到位。

（5）操作前，检查和清理操作场地，确保无易燃物（如油抹布、废弃油手套、油漆、香蕉水等），遮光装置完好、到位，吸尘装置运作正常。

（6）机器人运行时，安全围栏的门必须关闭，以防造成与已通电的机器人发生意外的接触；发现设备异常或故障应立即停机，保护好现场，然后报修；必须在停机后，才允许进入机器人操作区进行调整或修理。

（7）工作完毕后，切断电源并确认设备已停机，才能进行清扫、保养。

机器人导致的伤害事件以下列情况居多：未确认机器人的动作范围内是否有人，就执行了自动运转；在机器人自动运转状态下进入机器人的动作范围，作业期间机器人突然启动；只注意到眼前的机器人，未注意别的机器人。因此，操作人员要严格遵守安全操作规程，培养认真、细致、严肃、规范、尽责的职业态度。

二、常见安全标志

为避免焊接机器人系统在安调、编程和维护过程中发生安全事故，通常在机器人系统各模块的醒目位置安装（贴）相应的安全标志。

在焊接机器人操作机、焊接电源、遮光屏和储气瓶保护柜等合适位置安装（贴）禁止倚靠标志、当心触电标志、当心弧光标志和当心爆炸标志，从机、电、光、气四个维度醒目标示焊接机器人工作站的安全警示信息，具体如下。

（1）安装（贴）禁止倚靠标志，如图 2-2 所示。

（2）安装（贴）当心触电标志，如图 2-3 所示。

（3）安装（贴）当心弧光标志，如图 2-4 所示。

（4）安装（贴）当心爆炸标志，如图 2-5 所示。

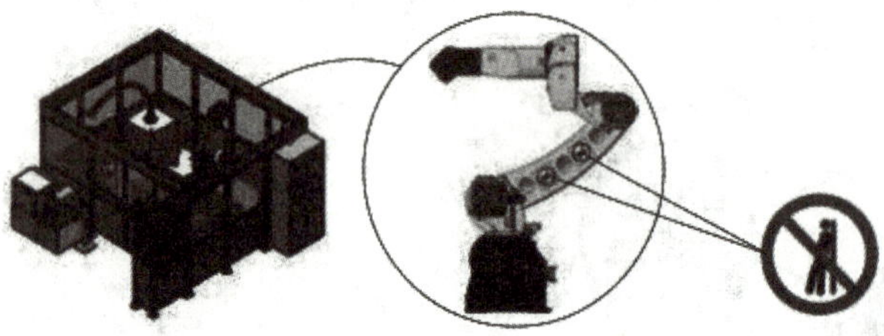

图 2-2　安装（贴）禁止倚靠标志

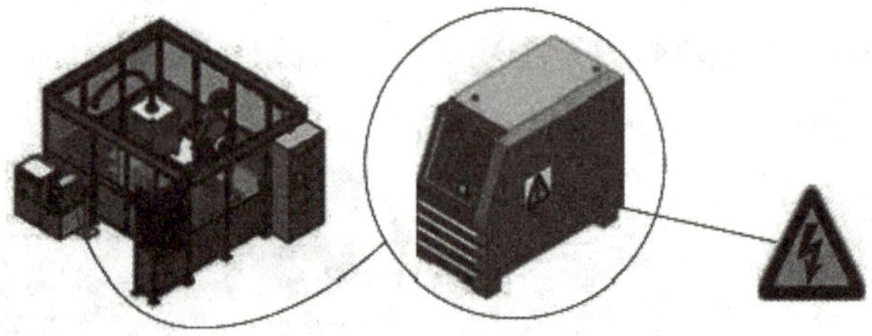

图 2-3　安装（贴）当心触电标志

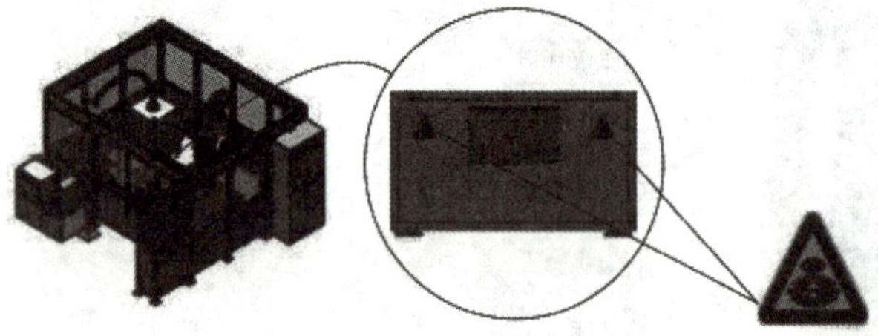

图 2-4　安装（贴）当心弧光标志

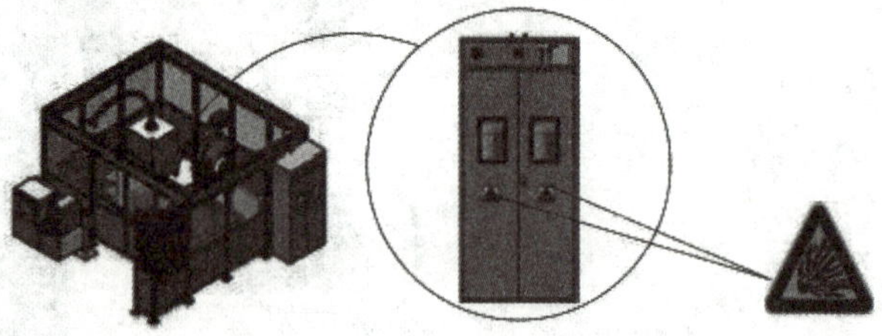

图 2-5　安装（贴）当心爆炸标志

任务三　焊接机器人维护及保养

一、焊接机器人的日常养护

焊接机器人的维护保养工作由操作人员负责，每次保养必须填写保养记录，设备出现故障应及时汇报维修，并详细描述故障出现前的情况和所进行的操作，积极配合维修人员检修，以便顺利恢复生产。

操作人员必须严格按照保养计划书保养维护设备，严格按照操作规程操作，设备发生故障后应及时向维修人员反映设备情况，包括故障出现的时间、故障的现象以及故障出现前操作人员进行的详细操作，以便维修人员准确快速地排除故障。

为了使机器人能够长期保持较高的性能，应进行定期预防性维护。检修可分为日常检修和定期检修，按检修周期分为日常检查、季度检查、年检查、三年检查，检查表依次见表 2-4、表 2-5、表 2-6、表 2-7，且检查人员必须编制检修计划并切实进行检修。另外，必须以每工作 40 000 h 和每 8 年之间较短的时间为周期进行大修。检修周期是按点焊作业为基础制定的。装卸作业等使用频率较高的作业建议按照约 1/2 的周期实施检修及大修。

表 2-4　日常检查表

序号	检查项目	检查点
1	异响检查	检查各传动机构是否有异常噪声
2	干涉检查	检查各传动机构是否运转平稳，有无异常抖动
3	风冷检查	检查控制柜后风扇是否通风顺畅
4	管线附件检查	检查各管线附件是否完整齐全，是否磨损，有无锈蚀
5	外围电气附件检查	检查机器人外部线路、按钮是否正常
6	泄漏检查	检查润滑油供排油口处有无泄漏

表 2-5　季度检查表

序号	检查项目	检查点
1	控制单元的电缆	检查示教器电缆是否存在不恰当扭曲
2	控制单元的通风单元	检查控制单元的通风单元是否脏污，如果脏污，切断电源，清理通风单元
3	机械单元的电缆	检查机械单元插座是否损坏、弯曲是否异常， 检查电机连接器和航插是否连接可靠
4	各部件的清洁和检修	检查部件是否存在问题，并处理
5	外部主要螺钉的紧固	检查末端执行器螺钉、外部主要螺钉是否紧固

表 2-6　年检查表

序号	检查项目	检查点
1	各部件的清洁和检修	检查部件是否存在问题，并处理
2	外部主要螺钉的紧固	检查末端执行器螺钉、外部主要螺钉是否紧固

表 2-7　三年检查表

序号	检查项目	检查点
1	更换减速机、齿轮箱的润滑油	按照润滑要求进行更换
2	更换手腕部分润滑油	按照润滑要求进行更换

二、焊接机器人编码器电池更换养护

焊接机器人本体内装有电池（称为编码器电池），用于备份伺服电机编码器的数据。编码器电池的使用寿命随工作环境的不同有所变化，一般需要每两年更换一次，否则伺服电机编码器的数据将会丢失，需要重新进行原点调整。所以，更换编码器电池前先备份示教器中数据，然后关闭电源，更换编码器电池后，再行检验并恢复备份数据。

1. 电池更换步骤

（1）使控制装置的主电源处于“ON”。

（2）按下紧急停止按钮，锁定机器人。

（3）卸下控制柜左侧面电池组安装板的安装螺栓。

（4）卸下 1~6 轴的电池连接器。

（5）拆下电压不足的电池，将新的电池放入电池盒，并连接电池连接器。

（6）将电池组安装板放回原来位置，并用安装螺栓固定。

（7）使控制装置的主电源处于“OFF”后，重新置于“ON”。

2. 更换电池后的操作

一般按照上述顺序更换电池后，重新上电即可，若有操作不当而使位置丢失，则需要进行编码器清零操作。

三、焊接机器人日常检查常见问题及解决措施

焊接机器人日常检查常见问题及解决措施详见表 2-8。

表 2-8　焊接机器人日常检查常见问题及解决措施

部件		项目	问题	措施（注意事项）
闭合电源前检查	接地电缆、其他电缆	（1）接线端子的松紧程度；（2）外观有无损伤	松动、断开或损坏	拧紧或更换
	机器人本体	是否沾有飞溅和灰尘	有飞溅或灰尘	清除飞溅和灰尘（不能用压缩空气清理灰尘或飞溅，因为异物可能进行护盖内部，对机器人本体造成损害）
		各紧固螺钉是否紧固	松动	拧紧
	安全护栏	是否损坏	损坏	维修
	作业现场	是否整洁	脏或乱	清理现场
闭合电源后检查	紧急停止开关	工作是否正常	不正常或失灵	立即断开伺服电源，进行维修或更换（修好前不能使用机器人）
	原点对中标记	执行原点复位后，检查各原点对中标记是否重合	不重合	联系专业人员进行维修（按下急停开关，断开伺服电源后，方可接近机器人进行检查）
	机器人本体	自动运转，手动操作时检查各轴运转是否平滑、稳定（有无异常噪声、振动）	有异常振动或噪声	联系专业人员进行维修（修好前不能使用机器人）
	风扇	查看风扇的转动情况，以及是否沾有灰尘	沾有灰尘	清洁风扇（清洁风扇前，断开所有电源）

四、焊接机器人吊装与搬运

1. 吊装

原则上应使用起重机进行焊接机器人的搬运作业。首先，按图 2-6 所示姿势设置机器人；然后，旋转底座，安装 4 个吊环螺栓（M12）；最后，利用 4 条钢索起吊，建议钢索长度为 2 m，并应在钢索与机器人主体接触的部位套上橡胶软管等进行保护。

2. 搬运

在没有起重设备而无法吊装的情况下，可采用叉车搬运焊接机器人，如图 2-7 所示。

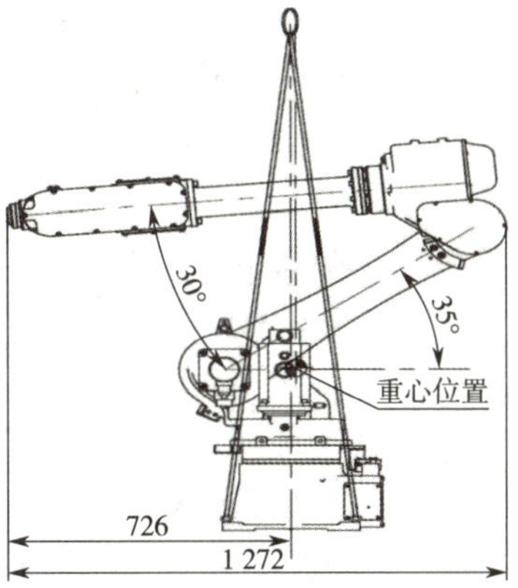

图 2-6　焊接机器人本体吊装示意

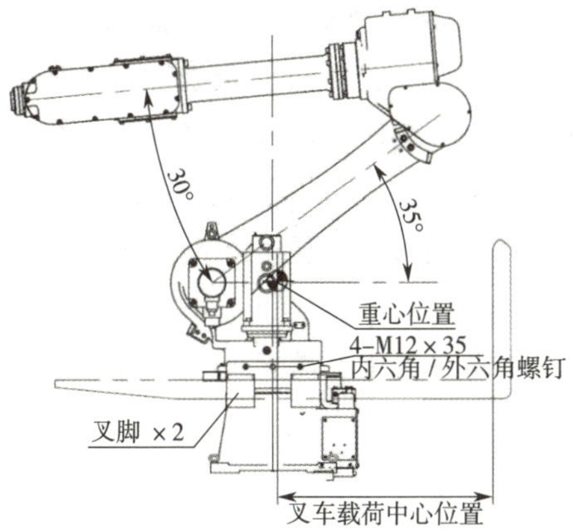

图 2-7　焊接机器人本体搬运示意

任务四　焊接机器人开关机及更换焊丝

一、熟悉机器人设备、掌握开关机步骤

1. 实训目的

焊接机器人系统开关机是焊接岗位中经常性的工作任务。本实训的目的是通过对焊接机器人系统的开机、关机实践，培养安全操作的良好习惯；对焊接机器人的焊接电源、控制柜、变压器等配套设备有一个全面了解，为进一步学习焊接机器人操作打下良好基础。

2. 实训内容

熟悉焊接机器人的设备组成，掌握正确开机、关机的方法和步骤。

3. 实训步骤

（1）熟悉六轴焊接机器人系统，包括机器人本体、控制箱、示教器、焊接电源、变位机等，如图 2-8 所示。

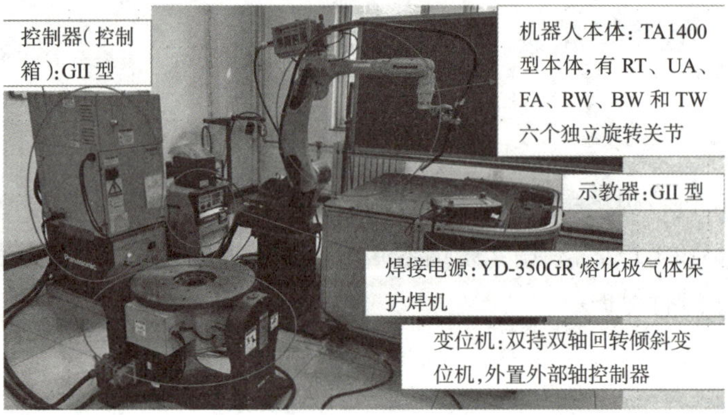

控制器（控制箱）：GII 型
机器人本体：TA1400 型本体，有 RT、UA、FA、RW、BW 和 TW 六个独立旋转关节
示教器：GII 型
焊接电源：YD-350GR 熔化极气体保护焊机
变位机：双持双轴回转倾斜变位机，外置外部轴控制器

图 2-8　TA1400 GII 型焊接机器人系统

（2）开机顺序：将总控制柜电闸向下旋转 90°，合上总闸；向上合机器人电闸，打开机器人开关；打开机器人电箱，合上分闸，打开机器人最后一个电闸开关；将焊接电源开关上抬至“ON”，将变压器开关上抬至“ON”；向下顺时针旋转 90°，打开控制箱，连接示教器通信。具体操作步骤参考图 2-9、图 2-10、图 2-11、图 2-12、图 2-13，示教器通信成功，完成机器人系统启动。

（3）关机顺序：按照开机顺序反向操作，首先关示教器控制柜，然后关焊接电源，最后切断机器人分闸和电源总控制柜电闸。

在操作中要注意动作规范，注意用电安全，严格遵守安全操作制度。

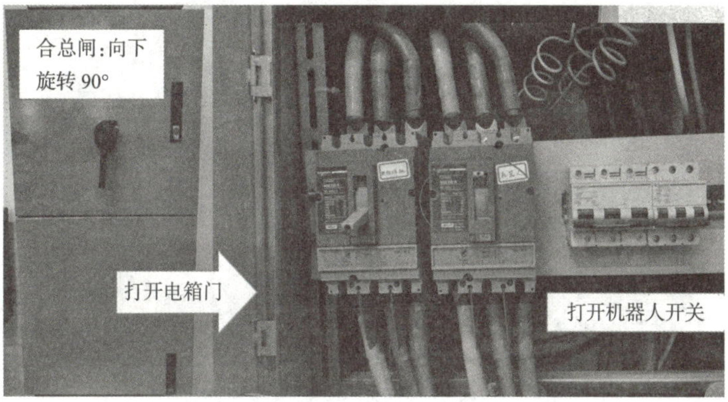

图 2-9　打开电源总控制柜电闸箱

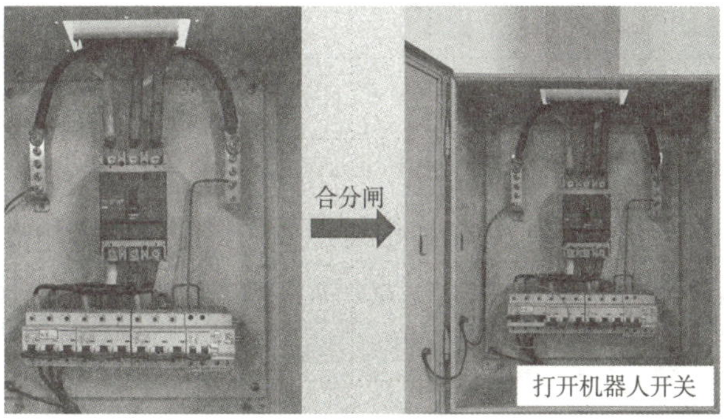

图 2-10　打开机器人分闸

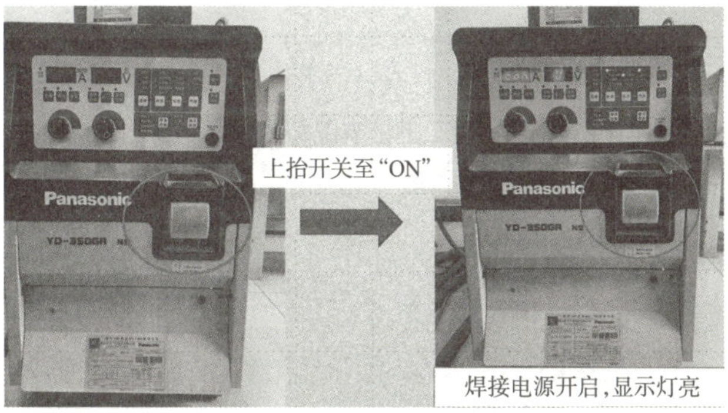

图 2-11　开启焊接电源

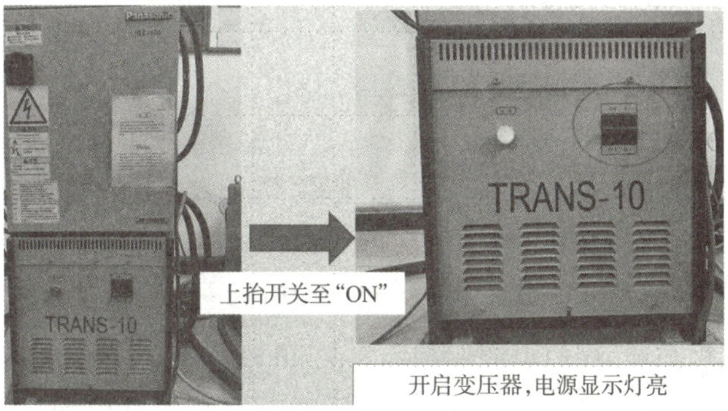

图 2-12　开启变压器

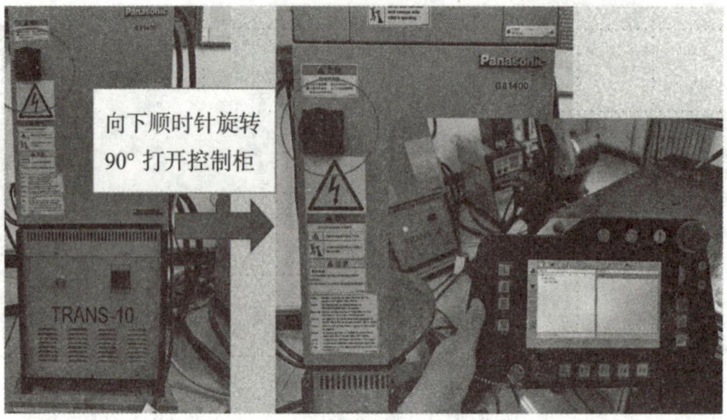

图 2-13　打开控制柜，连接示教器通信

二、机器人更换焊丝

1. 实训目的

更换焊丝是焊接岗位经常性的工作任务，通过更换焊丝的练习可以近距离接触机器人，掌握焊接机器人的送丝路径和穿丝方法，观察焊接机器人手臂各关节所在部位，对焊枪及送丝管、送丝轮、导电嘴规格有一个全面了解，为进一步学习焊接机器人操作打下良好基础。

2. 实训内容

更换焊丝的方法和步骤。

3. 工具准备

规格 ϕ 1.2 mm 的 ER50-6 焊丝一盒，偏口钳一把，手套一副。

4. 方法及建议

将人员分为 2 人一个小组，一人对准送丝管入口将焊丝慢慢往上推，另一人在送丝机构处观察与协调配合。

5. 实训步骤

（1）剪断焊丝盘与送丝管之间的焊丝，把焊丝盘上的焊丝头穿进焊丝盘侧面的小孔并打结，防止焊丝回松；旋开机器人腰部焊丝轴中心的限位轮，取下焊丝盘，然后扳开机器人手臂上四轮送丝机构的加压手柄，并从机器人导电嘴处抽出送丝管内剩余焊丝，如图 2-14 所示。

（2）把准备好的新焊丝盘装到机器人腰部送丝盘轴上，注意焊丝方向要与送丝管入口同向；然后旋紧焊丝盘限位轮，剪断打结弯曲部分的焊丝，将焊丝穿过矫正轮，再送入外送丝管，手动送丝速度不宜过快，如果出现卡丝，回抽一下再试送；当焊丝穿到机器人手臂上的送丝机构时，另一人取下送丝机构防护罩，用手配合调整焊丝穿过送丝机构的中心管，直到焊丝穿过四轮送丝机构进入焊枪连接头部位的内送丝管。

（3）用手合上两个压臂轮手柄，转动手柄至刻度 1.2 mm 标记处，然后一人按动焊接电源面板上的“手动送丝”按钮，另一人观察送丝轮是否转动和送丝，直至将焊丝送出导电嘴外 10 mm 左右的长度后停止送丝。

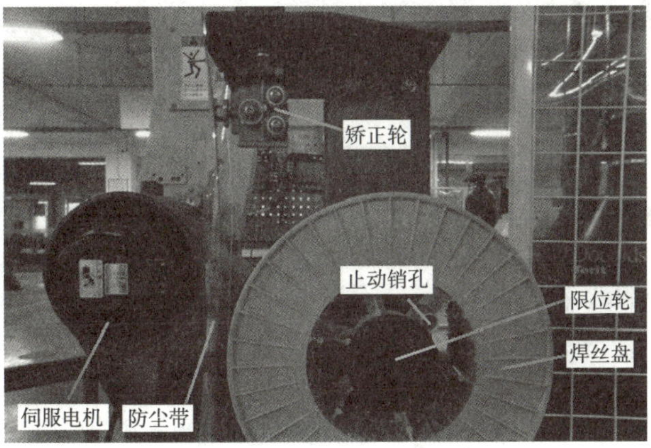

图 2-14　焊丝盘整体结构

6. 注意事项

（1）送丝管入口处的矫正轮起焊丝矫正作用，调整矫正轮使焊丝处于水平和无窜动状态后，锁紧矫正轮，如图 2-15 所示。

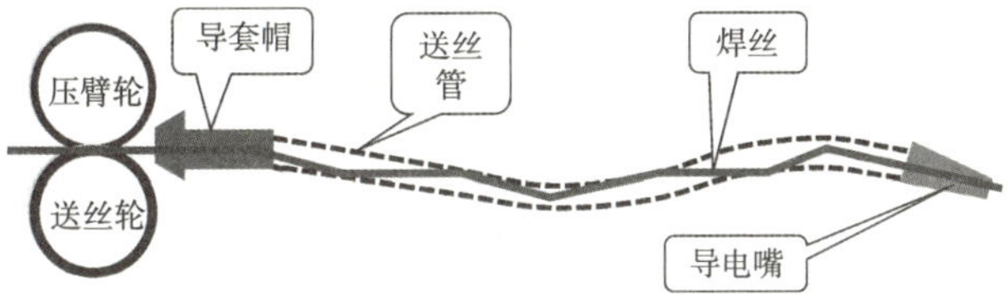

图 2-15　焊丝矫正示意图

（2）压臂轮的压力应适当，压力过大会损伤焊丝，压力太小会出现焊丝打滑现象，应旋动压臂轮到 1.2 mm 标记处作为参照。如果发现送丝轮打滑不送丝，通常是焊丝卡在导电嘴与枪管的接口位置，不要继续按动送丝按钮，以免烧坏送丝保险。解决方法是先用扳手将导电嘴逆时针旋下，再按动送丝按钮，待焊丝送出枪管后，再将焊丝穿进导电嘴，并将导电嘴旋紧后，剪掉多余长度的焊丝，如图 2-16、图 2-17 所示。

导电嘴内径=焊丝直径+0.1~0.2 mm（碳钢）

送丝管内径=焊丝直径+0.2~0.5 mm（碳钢）

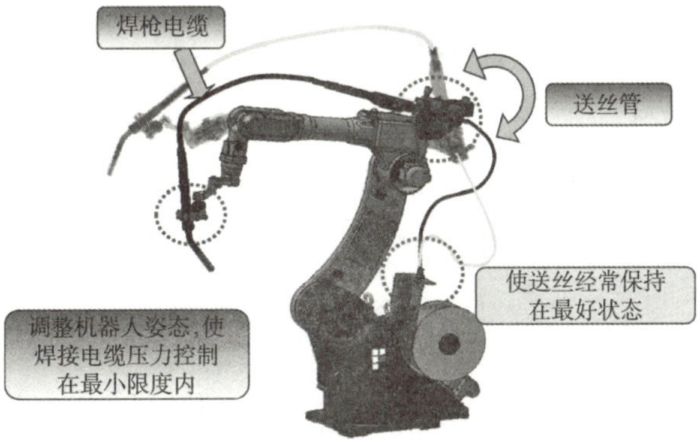

图 2-16　调整机器人姿态示意图

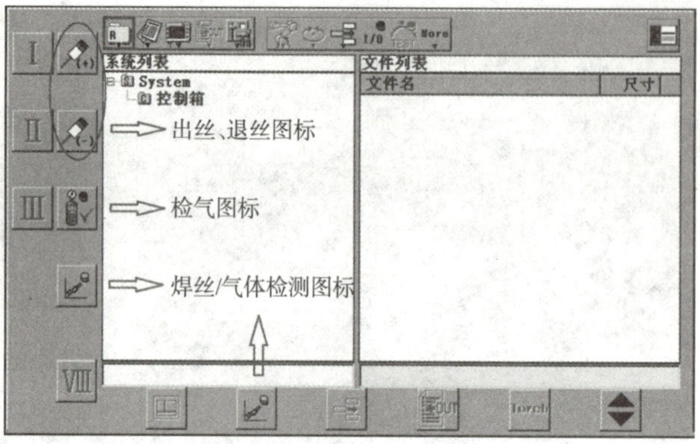

图 2-17　示教器检气、送丝按钮界面

三、识读机器人安全标志

危险：如果无视该标识并进行错误使用，则可能会导致死亡或重伤等。

注意：误操作时有危险，可能发生中等程度伤害或轻伤事故及设备故障。

强制：必须遵守的事项。

禁止：禁止的事项。

1.“注意”

即使是“注意”所记载的内容，也会因情况不同而产生严重后果，因此任何一条注意事项都极为重要，务必严格遵守。甚至在有些地方就连“注意”或“危险”等都未记载的内容，也是用户必须严格遵守的事项。

（1）在机器人上安装弧焊工具前，先关闭机器人和弧焊工具的电源，而且要粘贴“禁止通电”的警告标志，以防止其他人启动设备，如图 2-18 所示。

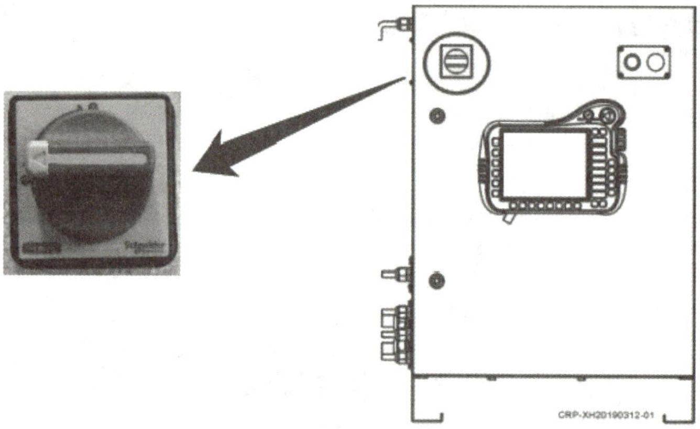

图 2-18　控制柜电源关闭按键

（2）操作机器人前，按下控制柜的前门、示教器及外部操作设备的急停按钮，并确认伺服电源被切断。

（3）伺服电源被切断后，示教器上伺服显示灯会熄灭。在紧急情况下，若不能及时停止机器人动作，可能导致人员受伤、设备受损。

（4）如果机器人应用系统中有几个操作人员一起工作，务必让全部操作人员及其相关人员都清楚机器人已经使能后，才可以启动机器人。

（5）发生异常时，应立即按下急停按钮。急停按钮在控制柜的前门、示教器的右侧及外部按钮盒上，如图 2-19 所示。

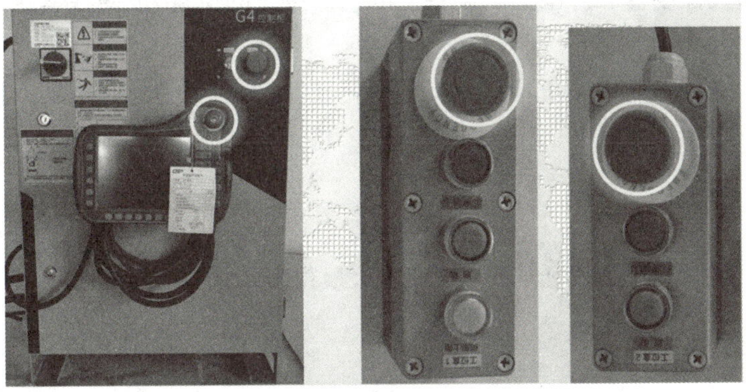

图 2-19　急停按钮

（6）不要强行扳动、悬吊、骑坐机器人，否则有可能导致人员受伤、设备受损，如图 2-20 所示。

（7）不要倚靠控制柜，否则可能导致人员受伤、设备受损；不要随意触碰机器人或控制柜的其他开关、按钮等；否则机器人可能会有预想不到的动作，从而导致人员受伤、设备受损，如图 2-21 所示。

图 2-20　禁止扳动、悬吊机器人

图 2-21　禁止倚靠、随意触碰控制柜

（8）示教器用完后必须放回原处，并确保放置牢固。如不慎将示教器放在机器人、夹具或地上，当机器人运动时，示教器可能与机器人或夹具发生碰撞，从而引发人身伤害或设备损坏事故。还要防止示教器意外跌落造成机器人误动作，从而引发人身伤害或设备损坏事故。

（9）如需在紧急停止后重启机器人，要在安全位置外复位和重启；同时要确认所有安全条件已满足，确认机器人运动范围内没有人员和障碍物遗留。

（10）在机器人运动示教完成后，要把机器人的软限位设定在机器人示教运动范围外一段距离的地方。

（11）操作机器人前，需要首先确认急停按钮功能是否正常，检查所有机器人操作必需的开关、显示以及信号的名称及其功能。

（12）操作机器人前，要先确认机器人原点是否正确，各轴动作是否正常；在操作过程中，操作人员应始终保持从正面看机器人。

2.“强制”

（1）所有机器人系统的操作人员，都应该学习安全防护措施和机器人的功能。

（2）在开始运行机器人前，确认机器人和外围设备周围没有异常或者危险状况。

（3）在进入操作区域内工作前，即便机器人没有运行，也要关掉电源，或者按下急停按钮。

（4）当在机器人工作区编程时，应设置相应看守，保证能在紧急情况时迅速使机器人停车。

（5）示教和点动机器人时不要戴手套操作，点动机器人时要尽量采用低速操作，以便遇到异常情况时可有效控制机器人停止。

（6）必须知道机器人控制器和外围控制设备上的急停按钮的位置，以便在紧急情况下能准确地按下急停按钮。

（7）永远不要认为机器人处于停止状态时其程序就已经完成，因为此时机器人很有可能是在等待让它继续运动的输入信号。

3.“禁止”

在机器人电源接通时，禁止插拔任何电器连接器，禁止短接设备安全急停开关，禁止未经许可操作机器人。

项目小结

焊接是一个需要我们严格要求自己、对待任何一个小事都精益求精的职业。操作焊接机器人之前一定要掌握正确的安全操作规则；操作过程中不要倚靠控制柜，防止不小心碰到开关或按钮而造成人身伤害或设备损坏事故，而且必须穿戴规定的工作服、安全鞋、安全帽、保护用具，确保人员安全，同时必须严格执行安全操作规程，拥有认真、细致、严肃、规范、尽责的职业态度，才能投身到生产实践中。

复习思考题

1. TA1400 焊接机器人有几个轴？各关节（轴）的名称及定义是什么？
2. 什么是机器人的重复定位精度？TA1400 焊接机器人的重复定位精度是多少？
3. 焊接机器人由哪几部分组成？什么是机器人本体、机器人单体、机器人系统？
4. 焊接机器人的安全操作规程有哪些？
5. 如何开启焊机机器人系统？正确步骤是什么？
6. 如何更换焊接机器人的焊丝？操作注意事项有哪些？

项目三

手动操纵焊接机器人

项目描述

焊接行业对技术技能型人才的需求量非常大，特别是焊接机器人等自动化焊接设备的使用，对从业人员的综合素质要求很高。本项目通过对焊接机器人坐标系的讲解，让学生尝试使用焊接机器人示教器找工作点，对焊接机器人进行初步示教操作。

知识目标

- (1)熟悉焊接机器人的运动轴。
- (2)掌握焊接机器人的常见运动坐标系及其应用场合。
- (3)掌握手动操作焊接机器人各轴运动的规律。
- (4)掌握使用示教器熟练操作焊接机器人实现点动和连续移动的方法。

素养目标

- (1)培养学生认真、细致、规范、尽责的职业素养和劳动精神。
- (2)提升学生逻辑思维能力和审美能力。

任务一　示教器手动操作

一、焊接机器人示教器

焊接机器人示教器集成图形化界面，所有指令都在操作盒上，用户可以完成各种设置与操作。示教器上的按键主要有示教功能键、运动功能键、参数设定键等三类，如图 3-1 所示。其中，示教功能键包括示教/再现、存入/删除/修改、检查、回零、直线插补、圆弧插补等，用于示教编程；运动功能键，包括空间三维方向 x 向动、y 向动、z 向动、正 / 反向动、1~6 关节转动等，用于操纵机器人示教；参数设定键，包括各轴速度设定、焊接参数设定、摆动参数设定等。

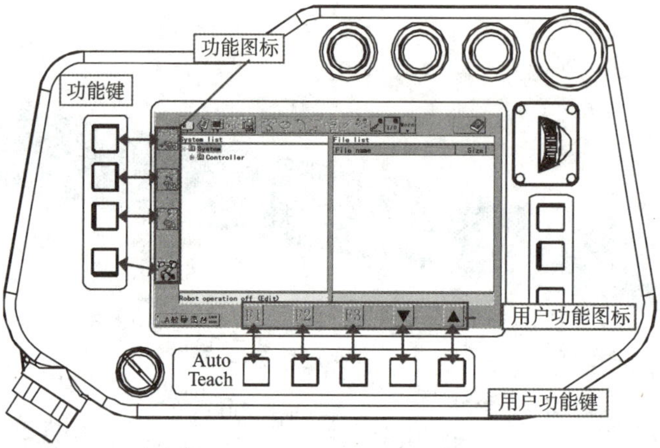

图 3-1　TA1400 GII 型焊接机器人示教器

目前，全球市场四大工业机器品牌依次为 ABB、库卡（KUKA）、发那科（FANUC）、安川电机（YASKAWA），其用于在线示教的示教器如图 3-2 所示。

ABB　KUKA　FANUC　YASKAWA

图 3-2　四大品牌示教器

二、示教器的使用

1. 示教器按键

示教编程指通过示教器控制机器人的操作。在使用示教器前，必须详细了解其按键功能。下面以实训设备 Panasonic 弧焊机器人为例对示教器按键进行说明，如图 3-3 所示。

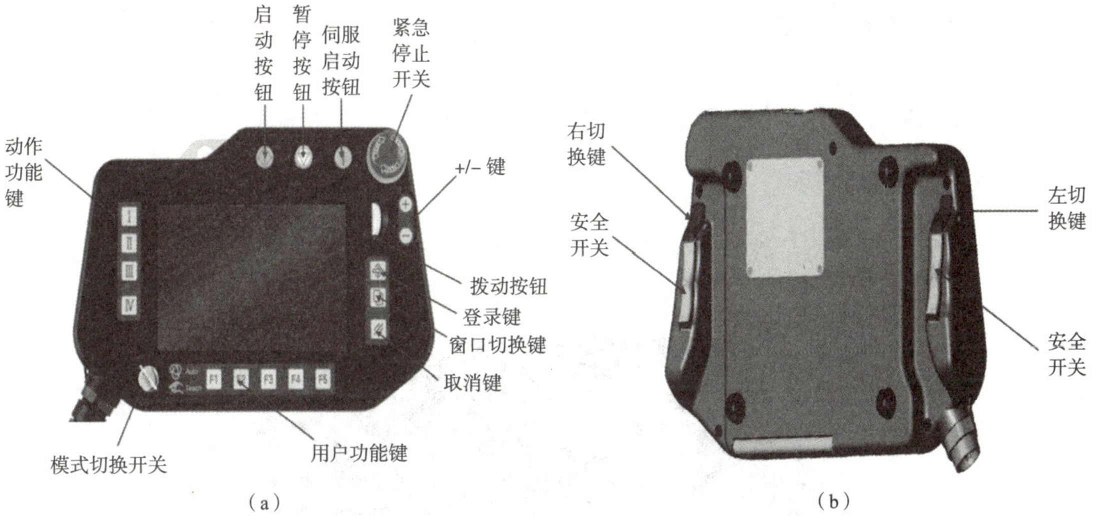

图 3-3　示教器正反面按键

(a)正面　(b)反面

1)安全保护开关

(1)紧急停止开关：通过切断伺服电源，立刻停止机器人和外部轴的操作。一旦按下该开关，系统保持紧急停止状态，顺时针方向旋转可释放该开关。

(2)安全开关：在操作时确保操作人员的安全。当以上两个安全保护开关同时被释放或同时被用力按下时，切断伺服电源；轻按其中一个或两个安全保护开关，打开伺服电源。

2)启动、暂停和伺服启动按钮

(1)启动按钮：在 AUTO 模式中用于启动或重新启动机器人操作。

(2)暂停按钮：用于在伺服闭合状态下中止机器人操作。

(3)伺服启动开关：启动伺服电源。

3)模式切换开关

模式切换开关为一个两位置开关，用于用户选择想要机器人工作在哪一模式。将该开关置于示教模式，即可用示教器操作机器人；将该开关置于 AUTO 模式，可进行运转操作。

4)拨动按钮

该按钮用于控制机器人手臂的运动，以及外部轴或屏幕上的光标；也用于改变数据或选择一个选项。拨动按钮有以下三个不同的操作：

(1)轻微移动该按钮；

(2)按动该按钮(点击)；

(3)按住该按钮的同时，向上或向下轻微移动。

5)窗口切换键

示教器能同时显示多个窗口，该键用于在窗口间移动，并选择一个窗口，该键仅对激活的窗口有效，且可实现以下两种切换：

（1）在菜单图标条与编辑窗口之间切换；

（2）在主窗口和子窗口之间切转。

6）回车键与删除键

（1）回车键：用于保存或指定一个选择，也可以在窗口中点击“OK”完成相同的功能。示教时，该键用于保存示教点。

（2）删除键：用于删除当前处理，可以在窗口中点击删除按钮完成相同的功能。如果增加或更新数据的时候按下该键，数据更新将被删除。

7）功能键

每个键被用于完成每个用户功能键上方显示的用户功能图标对应的功能。

2. 示教器的正确持握姿势

按图 3-4 持握示教器，并将示教器电缆缠在手臂上，以便拿得更稳、更安全。

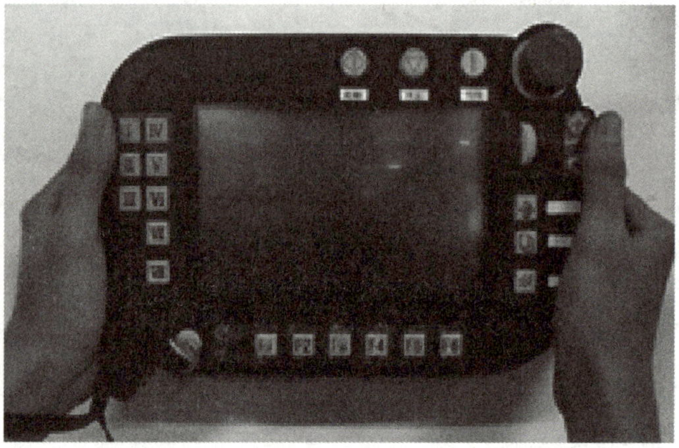

图 3-4　示教器的持握

任务二　机器人坐标系

一、坐标系的种类

机器人的运动计算涉及多个坐标系（图 3-5），一般来说需要了解以下四种坐标系。

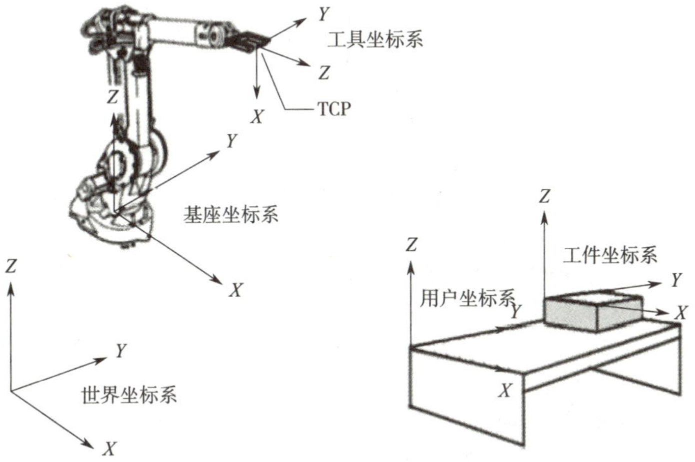

图 3-5　机器人运动计算牵涉的坐标系

1. 关节坐标系

机器人沿各轴轴线进行单独正向或者反向旋转动作所使用的坐标系称为关节坐标系，如图 3-6 所示，关节坐标系在机器人调试完成后就设定完成，不可更改。

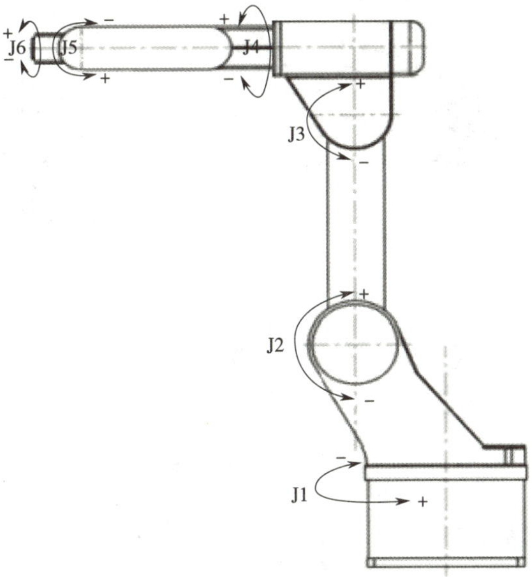

图 3-6　关节坐标系

2. 直角坐标系

直角坐标系，也叫世界坐标系，基于基座坐标系（固定定义的直角坐标系，位于机器人底部）的 X 轴、Y 轴、Z 轴平行移动，如图 3-7 所示。此时按 X、Y、Z 移动机器人时，机器人的 TCP 以直线运动；按 A、B、C 旋转机器人时，机器人的 TCP 固定不动，绕相应的直线坐标轴旋转。

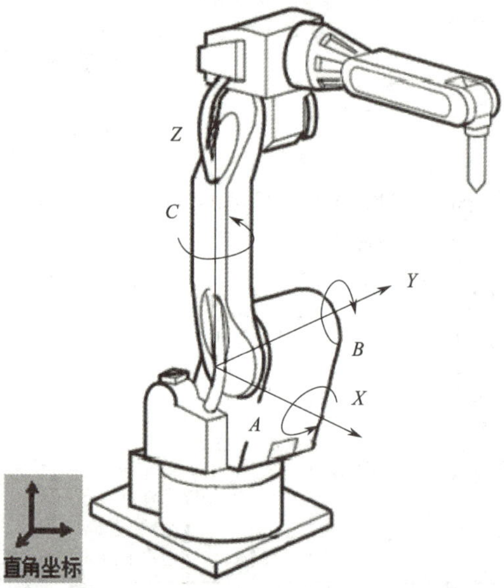

图 3-7　直角坐标系

当机器人使用直角坐标系运动时，轴键会出现 X、Y、Z、A、B、C。（在关节坐标系以外的其他坐标系中，均只改变工作姿态，而不改变工具终端点（控制点）的位置，称为控制点不变运动（姿态运动）。机器人相关参数设定后，直角坐标系的零点和方向就确定，在不修改参数的情况下无法修改直角坐标。

3. 工具坐标系

工具坐标系是把机器人腕部法兰所持工具的有效方向作为 Z 轴，并把坐标（控制点）定义在工具的尖端点，即把机器人的腕部法兰所持工具的尖端点作为坐标系的原点（与直角坐标系唯一区别是工具坐标系的方向随腕部的移动而发生改变，一般适用于姿态运动，如图 3-8 所示。

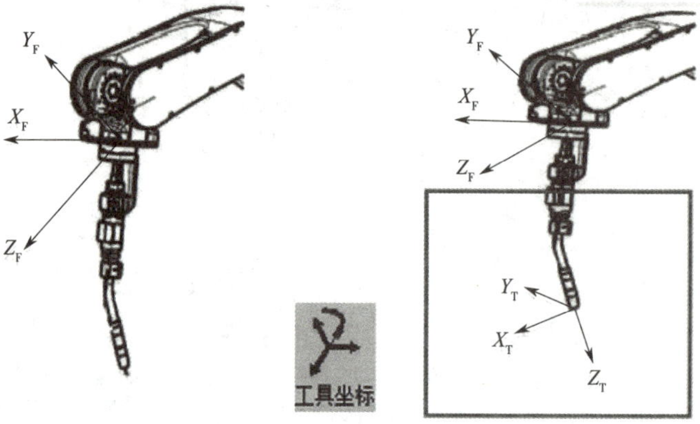

图 3-8　工具坐标系

当机器人使用工具坐标系运动时，轴键同样会出现 X、Y、Z、A、B、C。

4. 用户坐标系

对于特殊工作台，利用直角坐标系或者工具坐标系不太方便，则需要用户自己建立坐标系，即用户坐标系，如图 3-9 所示。实际上，用户坐标系标定的过程就是确定用户坐标与法兰中心的关系，这个关系是固定的。

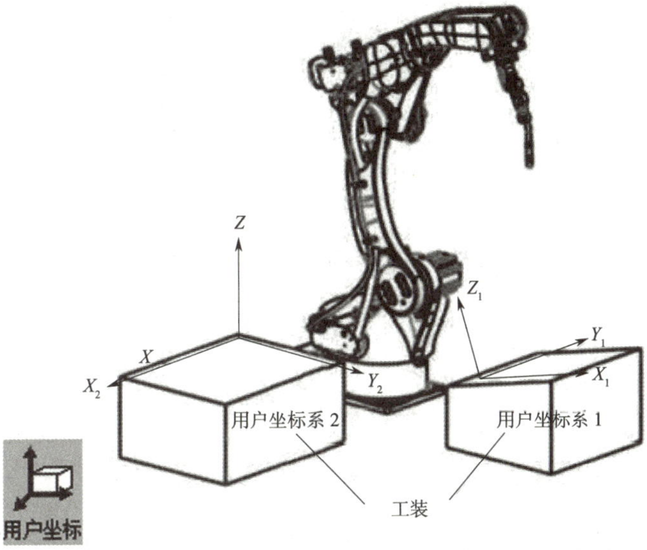

图 3-9　用户坐标系

建立用户坐标系，机器人可沿着指定的用户坐标系运动。

二、新建、修改坐标系

关节坐标系和直角坐标系在机器人调试完成后就设定完成，不可更改。

对于工具坐标系和用户坐标系，用户可根据需要自行设定。

1. 建立关节坐标系

关节坐标系在机器人调试完成后就设定完成，不可更改。

2. 建立直角坐标系

直角坐标系在机器人调试完成后就设定完成，不可更改。

3. 建立用户坐标系

建立用户坐标系，可方便示教编程。如图 3-10 所示，有几个工装面就需要设置几个用户坐标系。

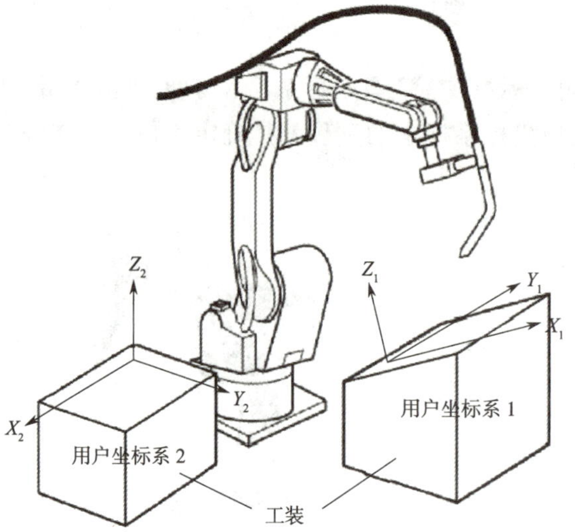

图 3-10　建立用户坐标系

用户坐标系的设置步骤如下。

(1)依次选择“运行准备”→“用户坐标设置”→“确认”键,弹出用户坐标设置界面(图 3-11),每一个工件设置一个,即也可称工件坐标系。

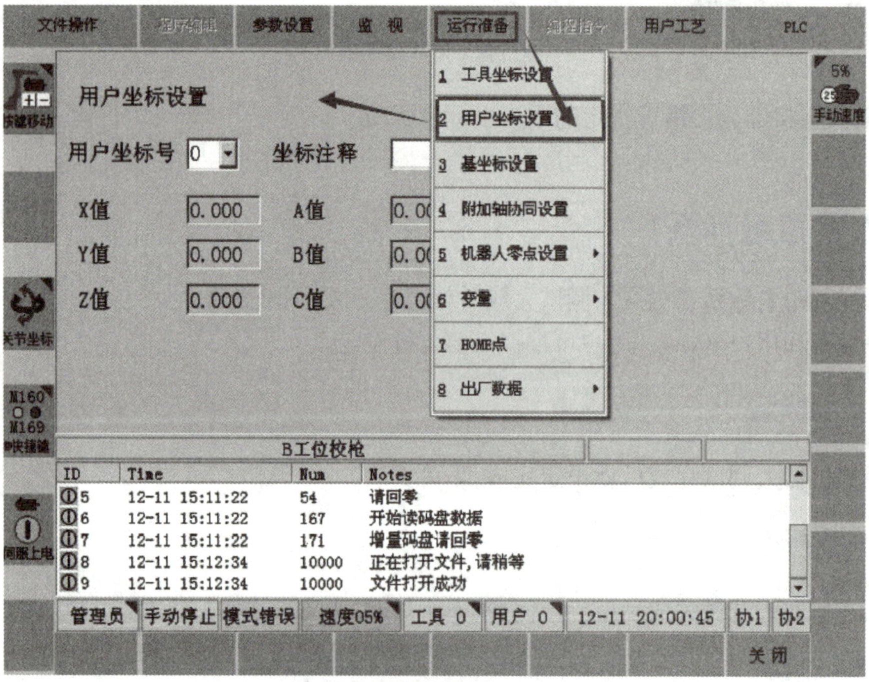

图 3-11　用户坐标系设置界面

(2)通过触摸笔选择需要设置的用户坐标系编号(用户坐标号 1),如图 3-12 所示。

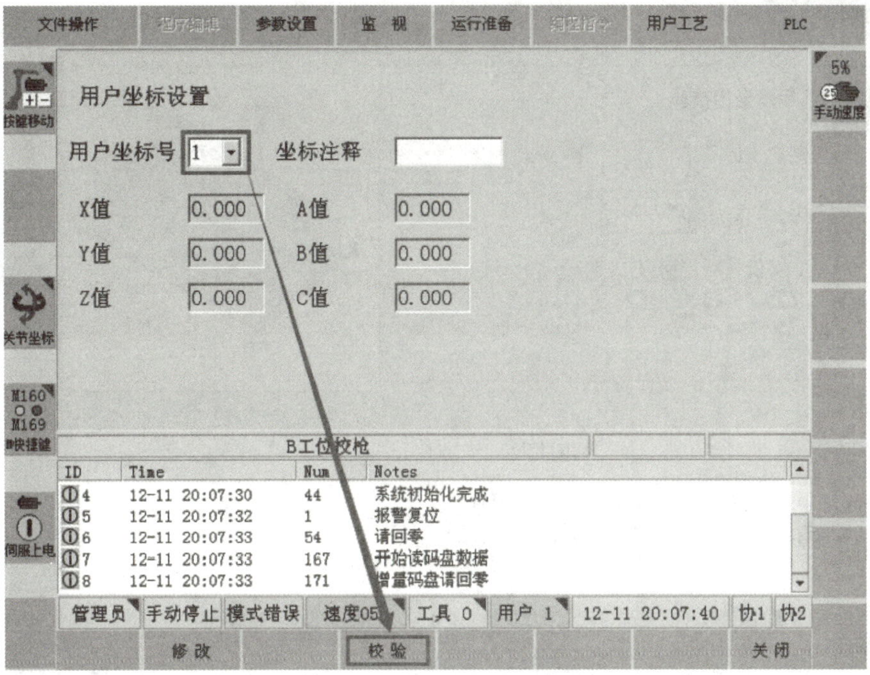

图 3-12　设置用户坐标系编号

（3）点击图 3-12 中的“校验”，弹出用户坐标校验界面，如图 3-13 所示。

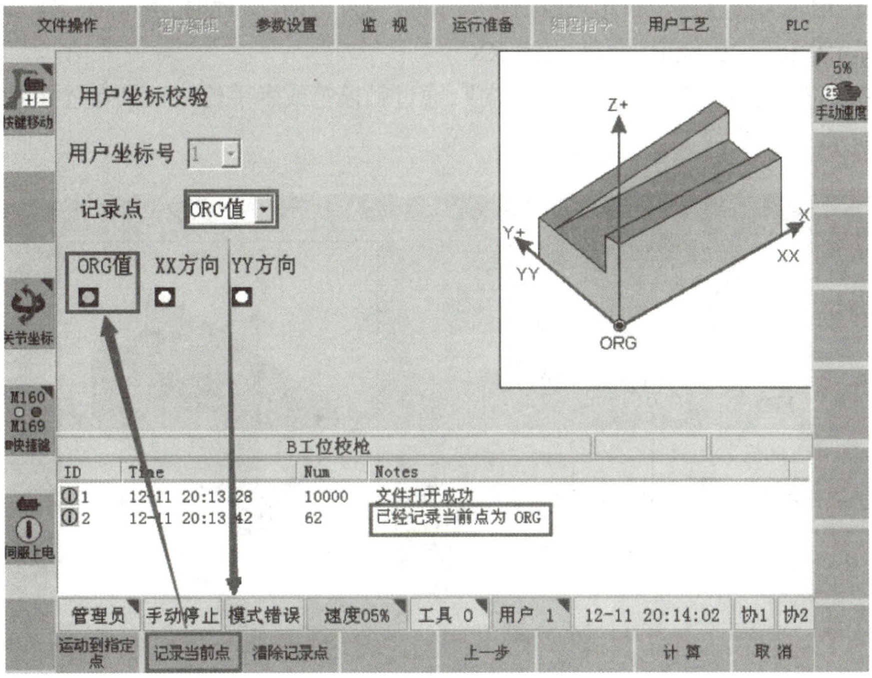

图 3-13　用户坐标校验界面

（4）在图 3-13 所示界面中，首先设置用户（工件）坐标系的原点（ORG 值），即将机器人末端尖点（焊枪上的焊丝）移动到工件一个角的端点上；然后点击“记录当前点”，记录用户（工件）坐标系的原点。此时，屏幕中“ORG 值”下方的指示图标○变为●，提示栏提示“已经记录当前点为 ORG”。

（5）使用触摸笔点击“记录点”中的“ORG 值”，并使用触摸笔或者手轮将记录点选择“XX 方向”以确定 *X* 边，如图 3-14 所示。

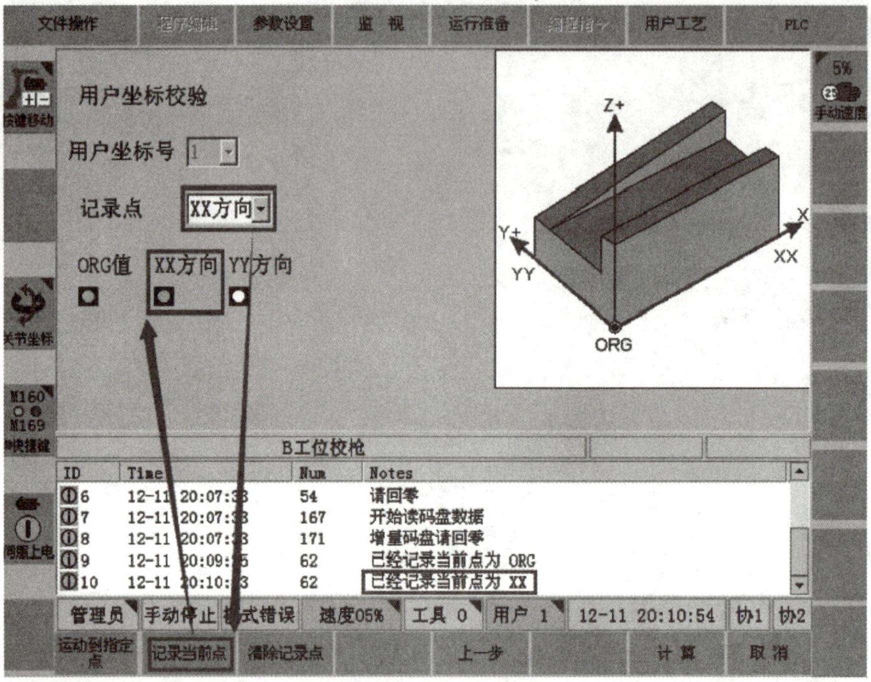

图 3-14 确定 *X* 边

(6)在图 3-14 所示界面，首先设置用户(工件)坐标系的 *X* 方向，即将机器人末端尖点移动到工件一边的边沿；然后点击“记录当前点”，记录用户(工件)坐标的“XX 方向”。此时，屏幕中“XX 方向”下方的指示图标○变为●，提示栏提示“已经记录当前点为 XX”。

(7)使用触摸笔在“记录点”中选择“XX 方向”，通过触摸笔或者手轮将记录点选择“YY 方向”以确定 *Y* 边，如图 3-15 所示。

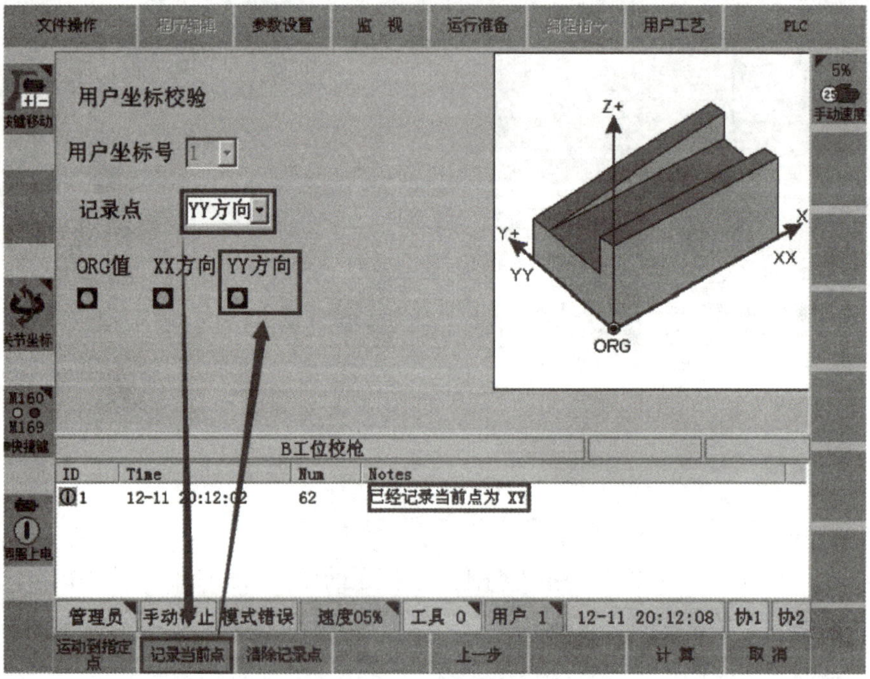

图 3-15 确定 *Y* 边

(8)在图 3-15 所示界面，首先设置用户(工件)坐标系的 *Y* 方向，即将机器人末端尖点移动到工件另一边的边沿；然后点击“记录当前点”，记录用户(工件)坐标的“YY 方向”。此时，屏幕中“YY 方向”下方的指示图标○变为●。提示栏提示“已经记录当前点为 YY”。

（9）对原点（ORG），*XX* 方向、*YY* 方向端点三点记录完成后（所有指示图标均变为绿色），点击“计算”，系统自动完成当前用户（工件）坐标的计算，提示栏显示“用户坐标记录完成”，完成工件上的坐标及方向的确定，如图 3-15 所示。

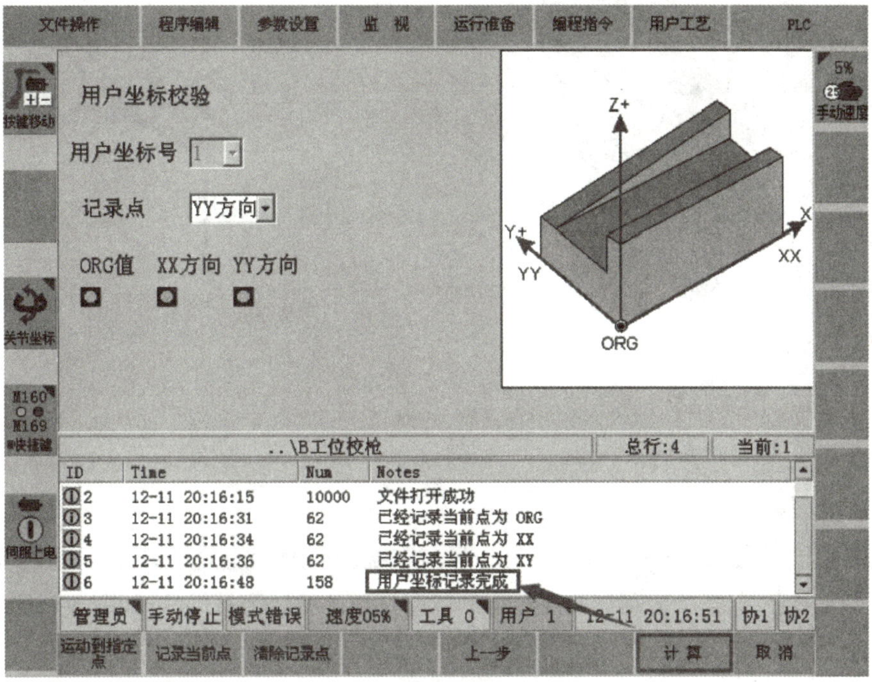

图 3-15　用户坐标系设置完成

说明：用户坐标系的建立是参照右手螺旋法则的（图 3-16），*Z* 轴的正方向为除拇指外的四指由 *X* 轴向 *Y* 轴旋转时拇指的指向。在建立工件坐标系时，*Z* 轴的正方向通常是远离工件的方向，因此需要在建立用户坐标系时考虑 *X*、*Y* 轴分别是哪一条边。

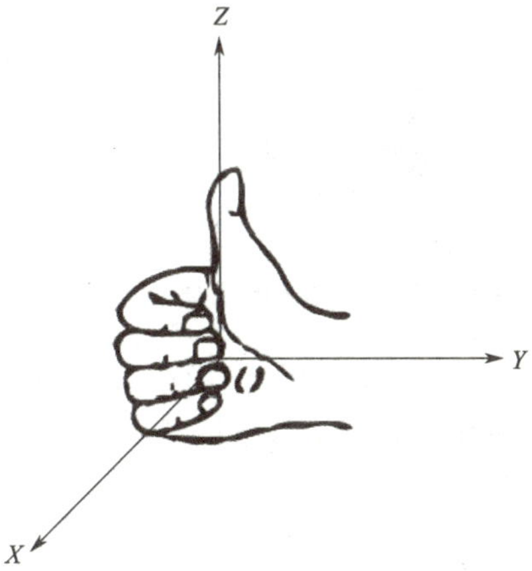

图 3-16　右手螺旋法则

（10）完成用户坐标计算后，可切换到用户坐标系下，验证是否为想要的用户坐标方向。

（11）验证完成后，按“取消”键退出。

4. 建立工具坐标系

为使机器人正确地完成直线插补、圆弧插补等插补动作，需正确地输入工具的尺寸信息，定义控制点的位置。工具坐标系是通过设置 6 组机器人末端的数据，由系统自动计算出工具控制点的位置而建立的。

用工具校验输入的是法兰盘坐标系中工具控制点的坐标值，如图 3-17 所示。

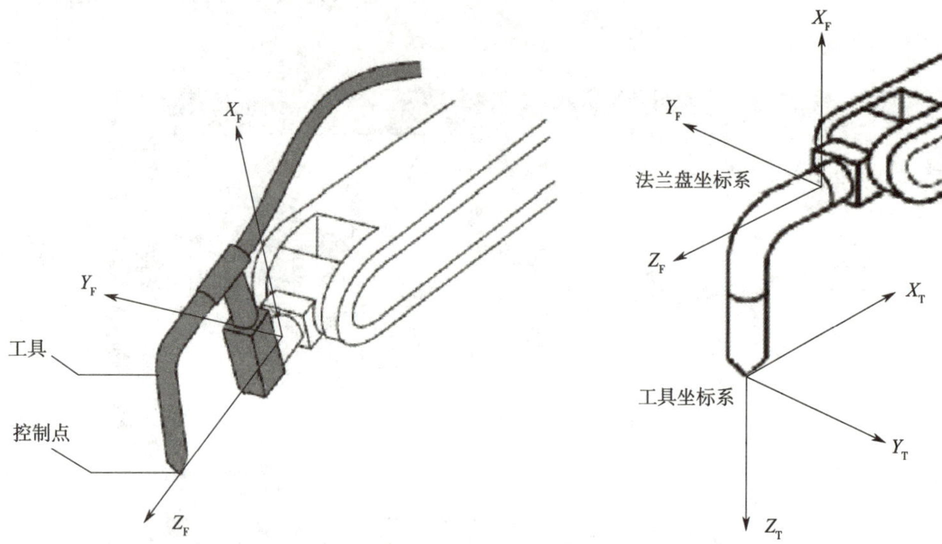

图 3-17　工具校验

工具尺寸是基于机器人末端坐标的，对工具坐标与末端法兰坐标的关系进行工具校验时，须以控制点为基准示教 6 个不同的姿态，系统根据这 6 个资态的数据自动计算出工具尺寸，如图 3-18 所示。

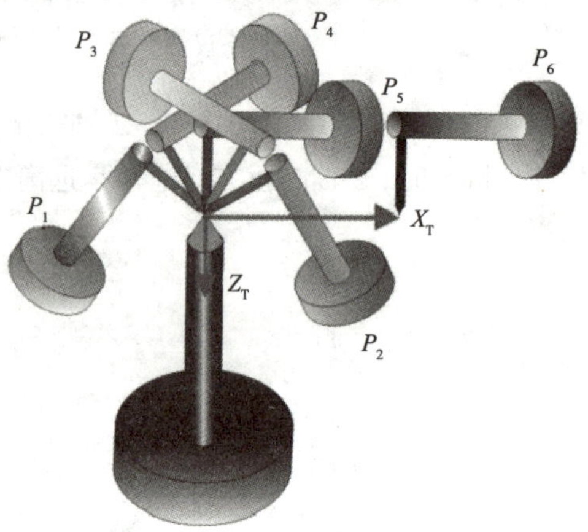

图 3-18　6 个姿态的记录点（P_1~P_6）

说明：如图 3-18 所示 P_1~P_4 点的姿态变化应尽量大；示数 P_5 点时，焊丝（焊枪末端直的部分）所在直线必须与校枪器保持在一条直线上；P_6 点用来确定工具坐标系的 X 轴方向，即 P_5 点与 P_6 点的连线与工具坐标系的 X 轴重合。

工具坐标系的设置步骤如下。

（1）依次选择“运行准备”→“工具坐标设置”，按“确认”键，弹出工具坐标系设置界面，如图 3-19 所示。

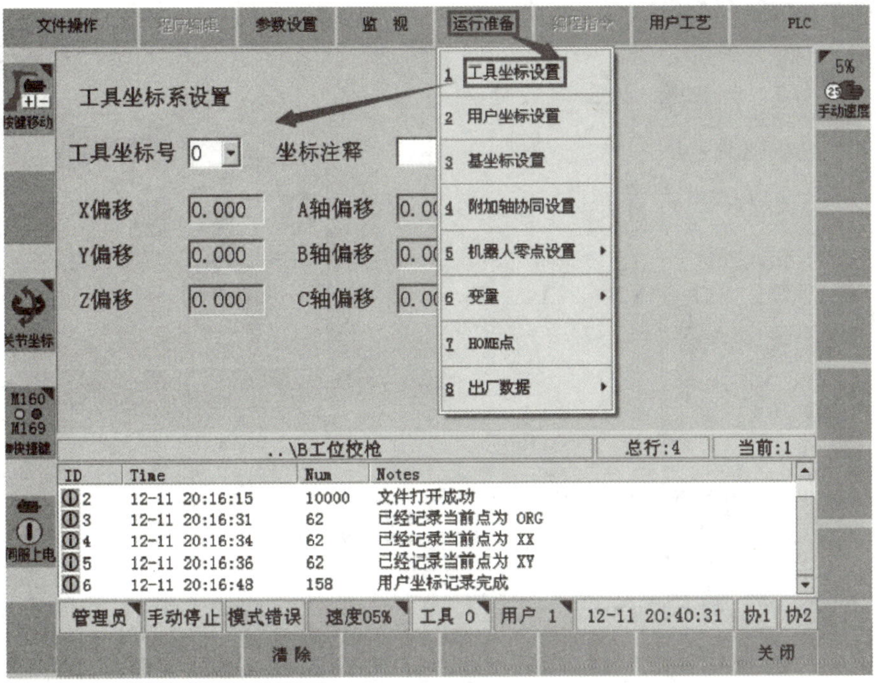

图 3-19　工具坐标系设置界面

（2）使用触控笔选择“工具坐标号”，通过触控笔或者手轮选择需要设置的工具坐标号（图 3-20），然后点击“六点校验”，弹出工具坐标校验界面，如图 3-21 所示。

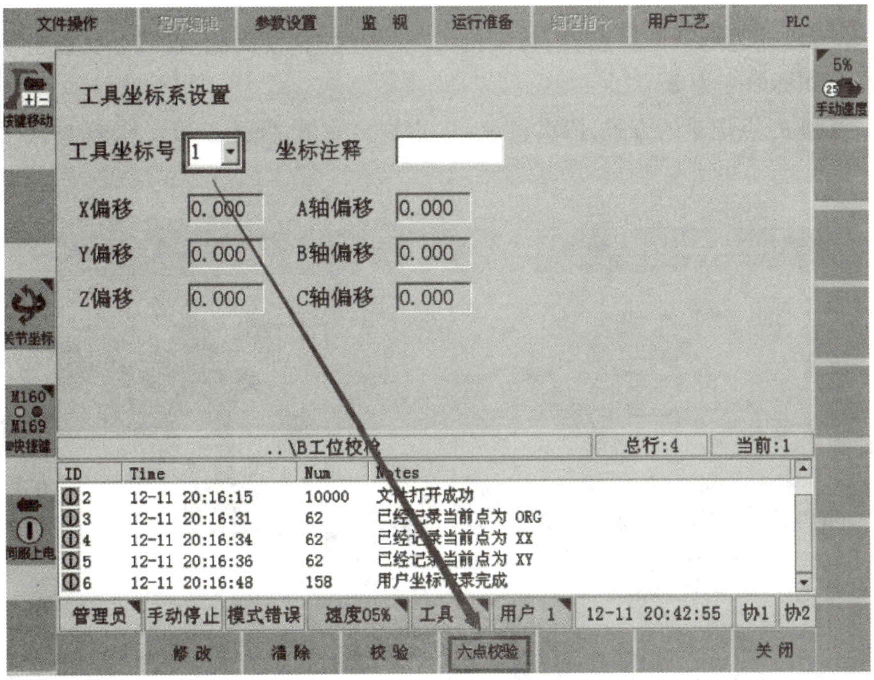

图 3-20　设置工具坐标号

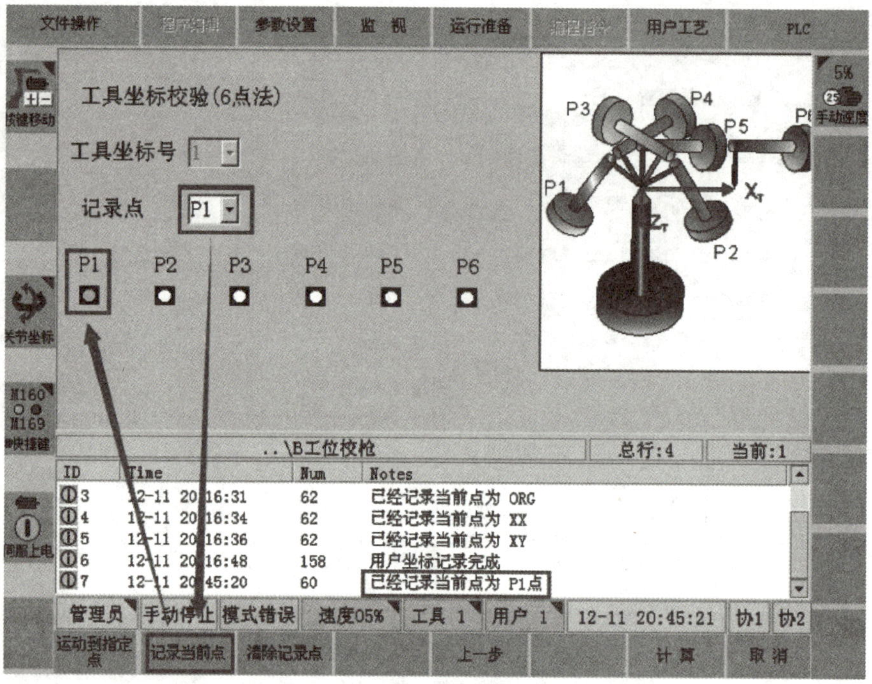

图 3-21　工具坐标校验界面

（3）在图 3-21 所示界面，使用触控笔在“记录点”处用触控笔或手轮选择记录点，将焊枪尖点（焊丝）移动到相应位置，点击“记录当前点”，此时“P1”下方的指示图标由○变为●，提示栏显示“已经记录当前点为 P1 点”。

（4）通过手轮或触控笔选择记录点 P_2，将焊枪尖点（焊丝）移动到相应的位置，点击“记录当前点”，此时“P2”下方的指示图标○变为●。

（5）按照 P_1 点和 P_2 点记录的方式，依次将 P_3~P_6 点设定完毕，保证 P_1~P_6 下方的指示图标均变为绿色，如图 3-22 所示。

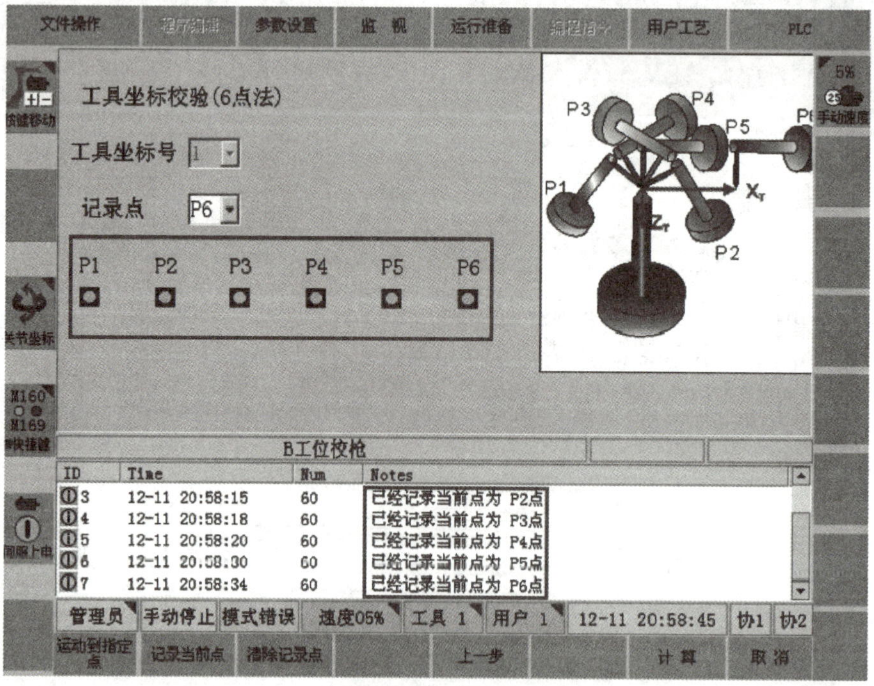

图 3-22　设定 6 个姿态点

（6）在图 3-22 所示界面上点击“计算”，系统自动完成当前工具坐标的计算，确定工具的坐标系及方向，得到工具尖点相对于机器人末端法兰坐标系的尺寸，如图 3-23 所示。

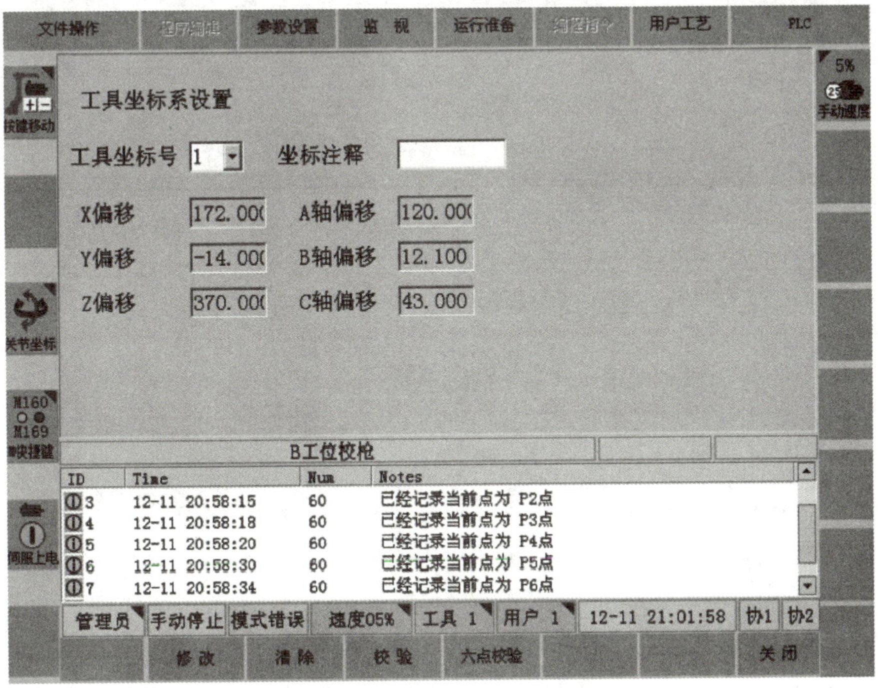

图 3-23　工具坐标系设置完成

（7）工具坐标计算完毕后，可切换到工具坐标系下，验证是否为想要的工具坐标及方向。

（8）验证完成后，按“关闭”键退出。

三、坐标系切换

1. 坐标系图标说明

在示教模式下，在状态控制键区域，按对应坐标键，可以循环切换关节坐标系、直角坐标系、工具坐标系、用户坐标系，当前显示坐标系即为当前使用的坐标系。

下面列出坐标系切换时，显示的图标及使用的坐标系：

（1）

关节坐标系，表示当前使用的是关节坐标系；

（2）

直角坐标系，表示当前使用的是直角坐标系；

（3）

工具坐标系，表示当前使用的是工具坐标系；

（4）

用户坐标系，表示当前使用的是用户坐标系。

在示教编程过程中，选用的坐标系将被引入所编辑的示教程序，所以应正确选择和设定需要使用的坐标系。

用户可通过图 3-24 所示窗口中的坐标系图标切换坐标系。

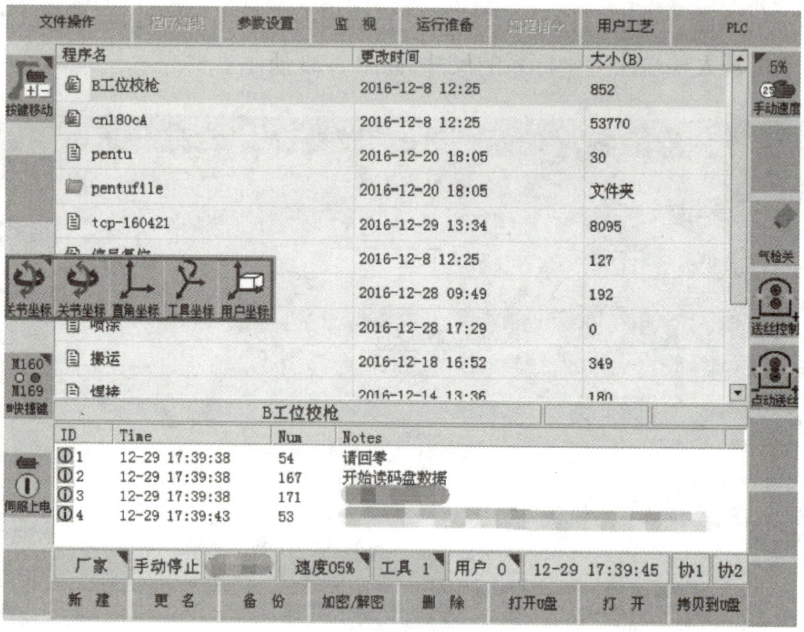

图 3-24　切换坐标系图标

2. 坐标系切换

使用关节坐标系和直角坐标系时,可直接通过状态控制键切换到相应的坐标系;然后按坐标键+/-即可使用该坐标系移动机器人部件或在编程时调用该坐标系。

用户坐标系和工具坐标系的使用需要满足两个条件:调用适合的坐标号和切换到需要的坐标系。条件满足后,就可以在示教模式下手动移动机器人,或在编程时调用该坐标系。

1)关节坐标系调用

关节坐标系主要用于调试或以单关节方式移动机器人。

关节坐标系为默认坐标系,开机后系统默认使用关节坐标系。当零位没有记录确定时,用户只能选择关节坐标系,其他坐标系处于禁用状态。关节坐标系如图 3-25 所示。

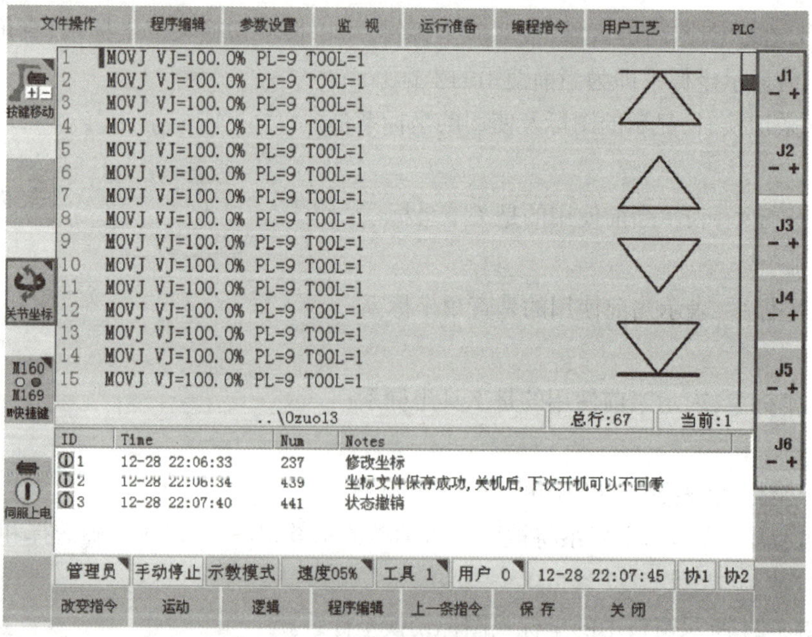

图 3-25　关节坐标系

切换到关节坐标系后，按住安全开关(位于 2 挡)，示教器屏幕右侧出现轴坐标，如图 3-26 所示。

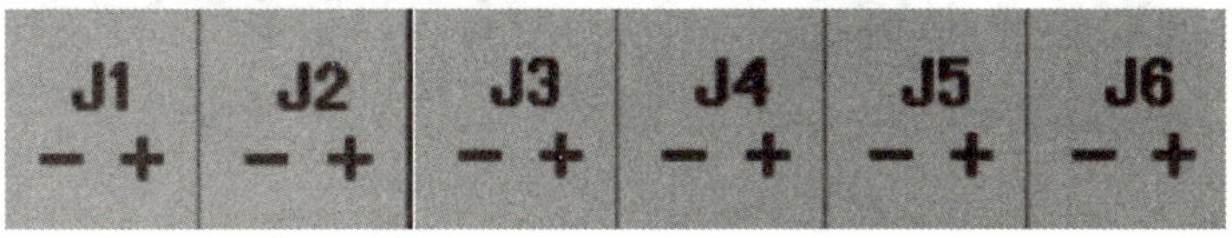

图 3-26　关节坐标系的轴坐标

2)直角坐标系调用

直角坐标系主要用于直线移动机器人、示教编程等。

点击关节坐标系图标，在弹出的对话框中选择“直角坐标”，即可调用直角坐标系。

3)工具坐标系调用

工具坐标系主要用于直线移动机器人、示教编程等。

按前述操作，选择需要的工具坐标号(1 号)，再按子菜单上的“关闭”。此时，工具坐标调用完成，状态栏显示“工具 1”，如图 3-27 所示。

图 3-27　状态栏显示“工具 1”

点击坐标系图标，在弹出的对话框中选择“工具坐标”，即可调用工具坐标系，如图 3-28 所示。

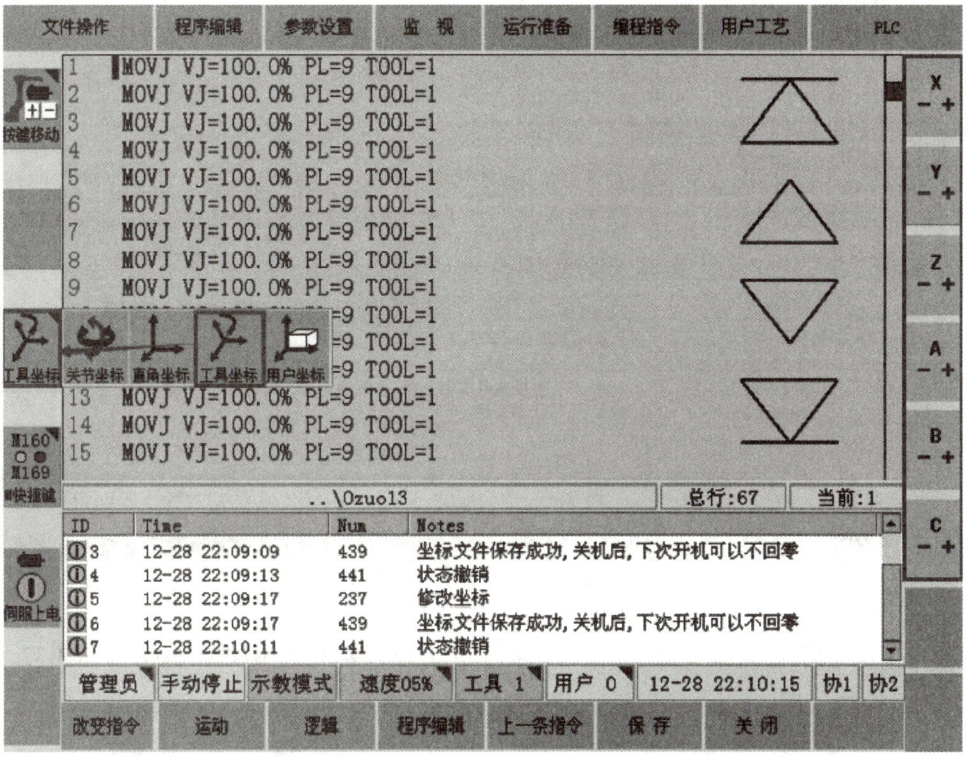

图 3-28　调用工具坐标系

切换到工具坐标系后，按住安全开关(位于 2 挡)，示教器屏幕右侧出现轴坐标，如图 3-29 所示。

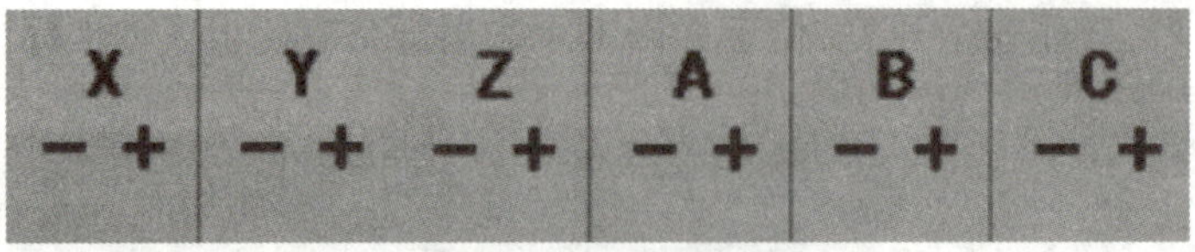

图 3-29　工具坐标系的轴坐标

4）用户坐标系调用

用户坐标系主要用于直线移动机器人、示教编程等。

按前述操作，选择需要的用户坐标号（1 号），再按子菜单上的“关闭”，此时用产坐标系调用完成，状态栏显示“用户 1”，如图 3-30 所示。

图 3-30　状态栏显示“用户 1”

点击坐标系图标，在弹出的对话框中选择“用户坐标”，即可调用用户坐标系，如图 3-31 所示。

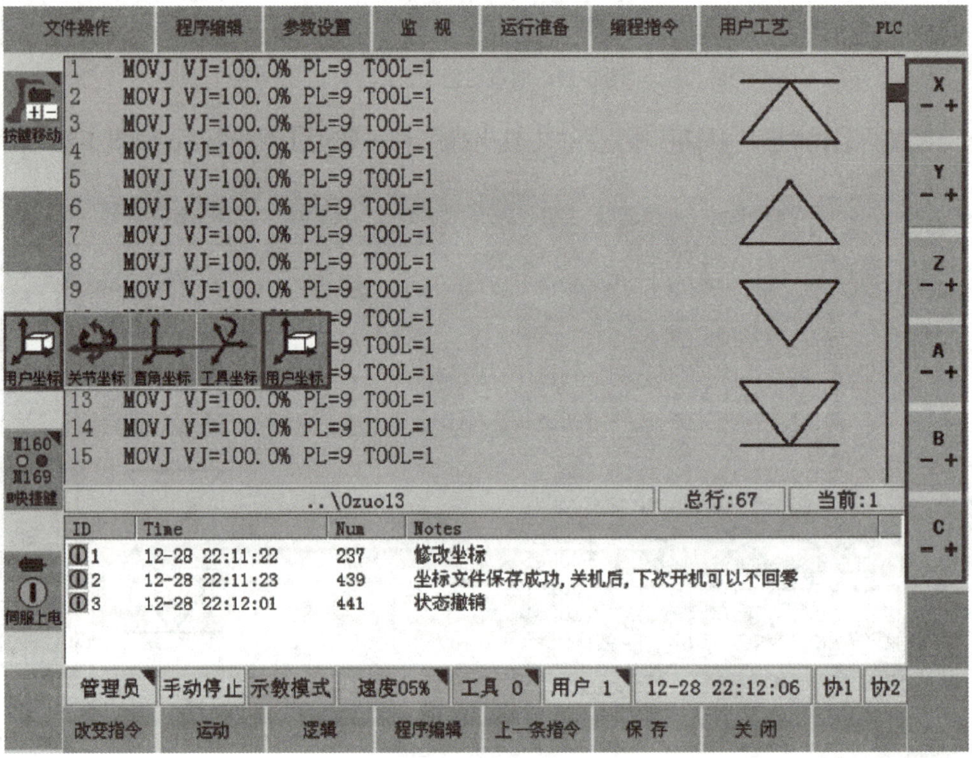

图 3-31　调用用户坐标系

切换到用户坐标系后，按住安全开关（位于 2 挡），示教器屏幕右侧出现轴坐标，如图 3-32 所示。

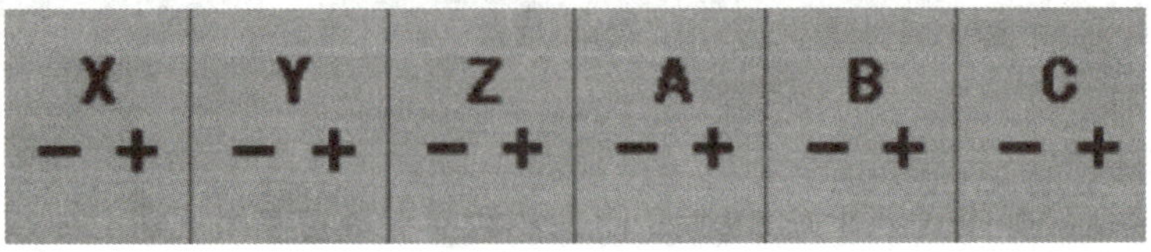

图 3-32　用户坐标系的轴坐标

任务三　移动机器人找点

一、手动操纵焊接机器人动作

1. 示教器正确操作姿势

（1）左手手臂放在示教器线缆和扶手中间的位置，手掌握住示教器安全开关侧的扶手，食指、中指、无名指放在安全开关上，如图 3-33 所示。

（2）用左手握住示教器并翻转，将显示界面向上并将示教器托于腹部合适位置；右手操作示教器按键、开关等，如图 3-34 所示。

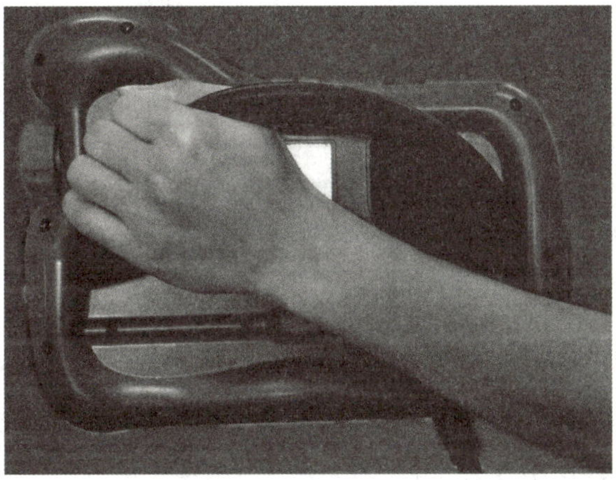

图 3-33　左手持握示教器

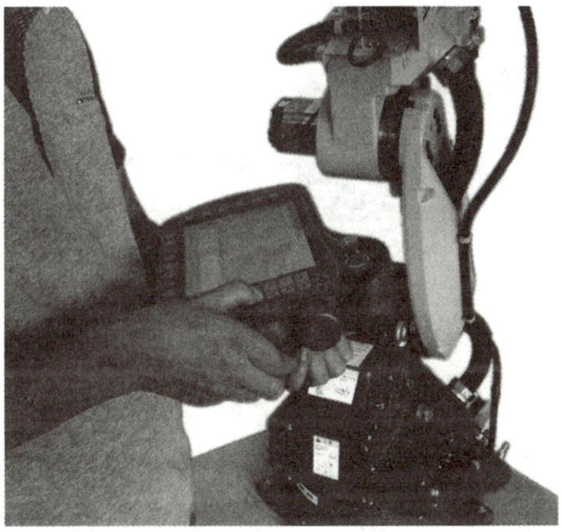

图 3-34　右手操作示教器

（3）操作人员应站立在机器人运动范围外的前方或侧面，以便观察机器人运动，同时要密切关注运动范围内是否有障碍物或有人员进入。如遇紧急情况，必须立刻按急停按钮，停止机器人动作。

2. 简单手动操作机器人

（1）打开机器人控制柜电源，给机器人上电。

（2）确认信息提示栏无报警、警告信息。

（3）将模式开关切换为示教模式（TEACH）。

（4）按伺服上电按键，将伺服通电。通电完成后，图标显示伺服上电。

注：给伺服电机通电时，系统将读取编码器反馈以计算当前坐标；对于使用绝对编码器的伺服机构，系统直接读取编码器反馈就可以计算出坐标，系统允许在线、远程运行；对于使用增量编码器的伺服机构，伺服通电后，系统通过读取编码器反馈无法计算出坐标，此时需要对机器人各轴回零。

（5）按调节速度按键，调整速度倍率，建议调整到 5%~10%。

（6）选择合适的坐标系，建议选择关节坐标系。

（7）按轴禁止对应按键，解除机器人禁止动作；此时，图标应变为按键移动，允许机器人动作。

(8)通过对应坐标+/-按键,缓慢移动机器人的各关节。

3. 移动机器人

在示教模式下使用示教器移动机器人的操作步骤如下:

(1)点亮机器人运动图标,进入示教状态;

(2)用左手拇指按住动作功能键,然后用右手拇指上下旋动拨动按钮,与之对应的机器人手臂随之运动;

(3)当左手拇指松开动作功能键或停止旋转拨动按钮时,机器人则停止运动。

机器人运动图标和移动速度显示阶梯图如图 3-35 所示。

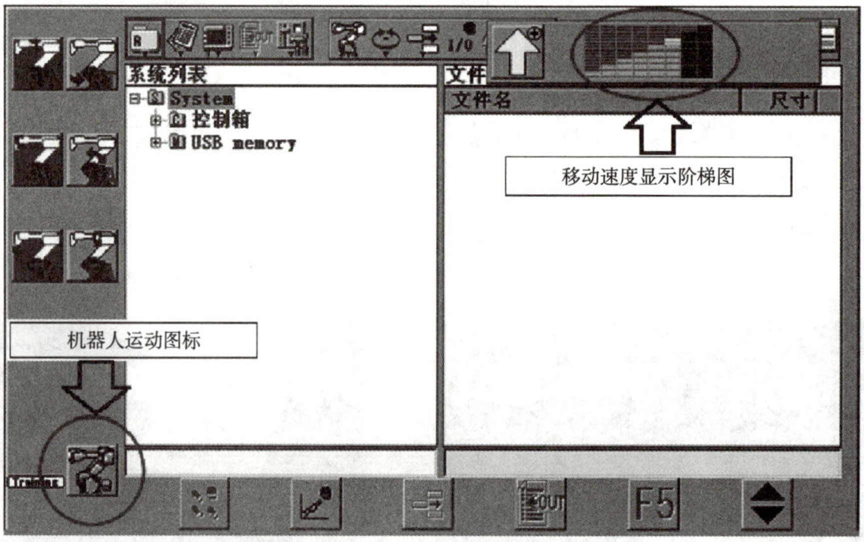

图 3-35　机器人运动图标和移动速度阶梯图

4. 拨动按钮的使用

熟练掌握使用右手拇指旋动拨动按钮是机器人操作的一项重要技能,需要反复练习直至能熟练操作,以避免在示教过程中发生"撞枪"情况。拨动按钮的具体使用方法如下。

(1)需要小幅度移动机器人或微调焊枪姿态时,用右手拇指上下旋动拨动按钮缓慢移动机器人,如图 3-36 所示。

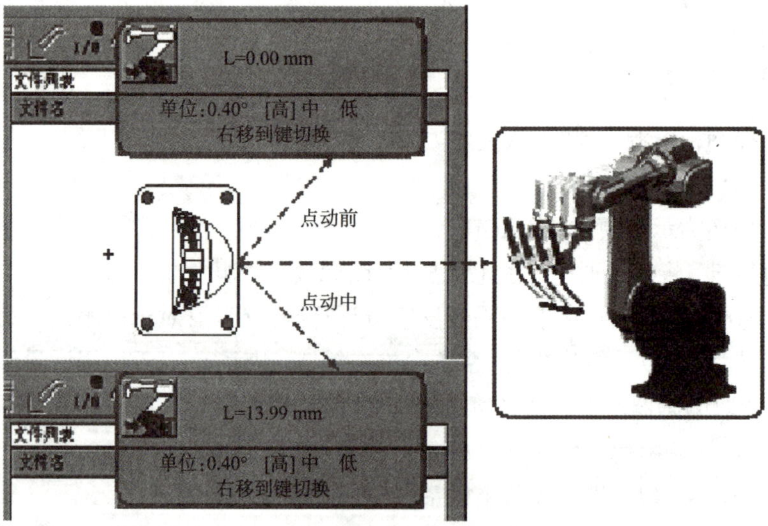

图 3-36　上下旋动拨动按钮缓慢移动机器人

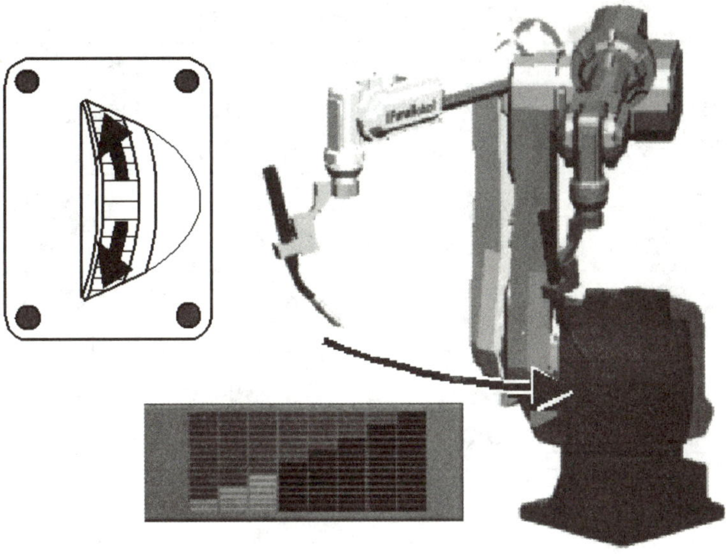

图 3-36　上下旋动拨动按钮缓慢移动机器人(续)

(2)需要大幅度移动机器人时,用右手拇指侧压拨动按钮的同时,再上下旋动拨动按钮,可以快速、中速、慢速移动机器人,如图 3-37 所示。

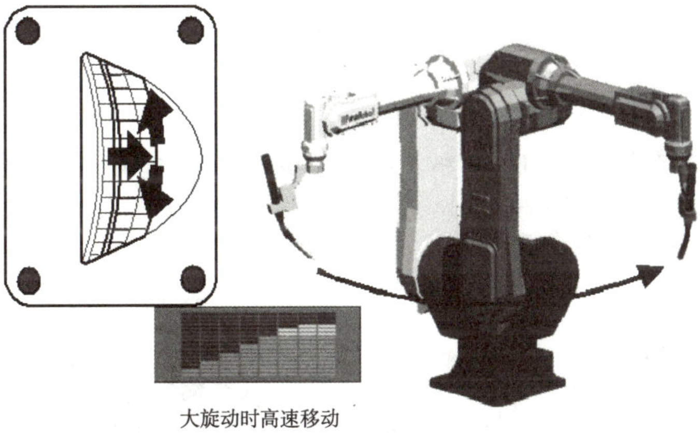

图 3-37　侧压再上下旋动拨动按钮移动机器人

5. 转换坐标系

GII 示教器中的常用坐标系及动作图标见表 3-1 所示。转换坐标系的操作步骤如下:

(1)点亮机器人动作图标后,用右手食指按住右切换键,同时左手拇指点按动作功能键“IV”转换坐标系;

(2)左手拇指按住动作功能键,用右手拇指侧压并旋动拨动按钮,机器人随之在选定的坐标系下按照动作功能键模式移动。

表 3-1　常用坐标系及动作图标

动作功能键	直角坐标系		工具坐标系		外部轴移动
	机器人在直角坐标系下移动	工具点固定，机器人姿态变化	以工具为基准的机器人移动	工具点固定，焊枪姿态变化	通过切换，使外部轴分别动作
Ⅰ Ⅳ					
Ⅱ Ⅴ					
Ⅲ Ⅵ					

二、移动机器人精确找点

1. 实训目的

掌握使用示教器按钮选择坐标系，使用拨动按钮移动机器人至目标位置点的方法；理解示教点的概念和坐标系的概念。

2. 实训内容

准备一个目标尖点并将其固定于工作台的正前方，分别在关节、直角、工具坐标系中移动焊枪，使焊丝末端与目标尖点轴向对准，如图 3-38 所示。

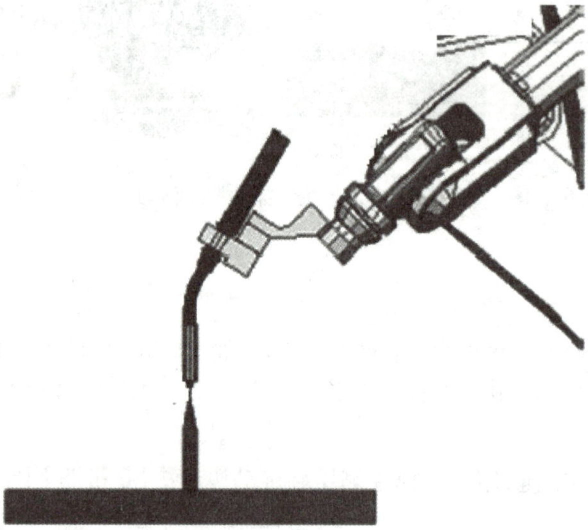

图 3-38　目标尖点与焊丝末端对准示意

3. 设备及工具准备

设备及工具准备明细见表 3-2。

表 3-2　设备及工具准备明细

名称	型号与规格	单位	数量
弧焊机器人	臂伸长 1 400 mm	台	1
焊丝	ER50-6、ϕ1.2 mm	盒	1
目标尖点	自制	个	1
纱手套	自定	副	1
尖嘴钳	自定	把	1
扳手	自定	把	1
钢直尺	自定	把	1
十字螺钉旋具	自定	个	1
劳保用品	工作服、工作鞋等	套	1

4. 实训步骤

（1）坐标系切换练习：用右手食指按住右切换键，用左手拇指按动作功能键，切换机器人运动坐标系，如图 3-39 所示。

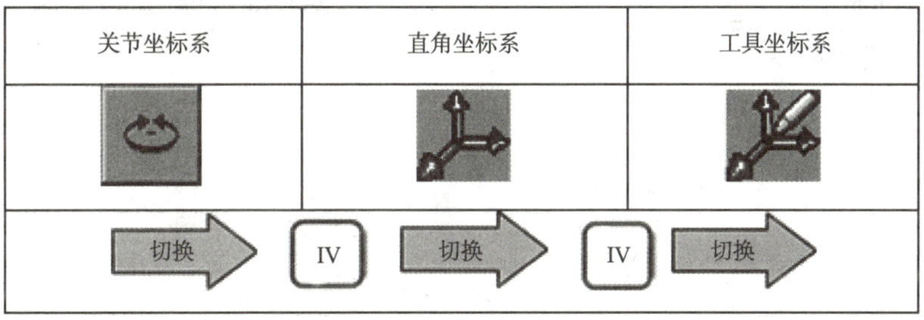

图 3-39　切换机器人运动坐标系示意

（2）按下安全开关：用左手（或右手）中指轻按下安全开关（黄色）。

（3）机器人伺服上电：待伺服“ON”按钮闪烁时，用右手拇指按下伺服“ON”按钮，此时伺服电源接通，伺服“ON”按钮常亮。

（4）点亮机器人运动图标：按住相应的动作功能键，侧压拨动按钮或上下旋动该按钮，使机器人运动；可通过按右切换键调整移动速度。

（5）直角坐标系动作：通过直角坐标系的六种动作模式，从原点开始移动机器人，使焊枪及焊丝末端轴向对准目标尖点。

（6）关节坐标系动作：通过关节坐标系的六个轴的动作，从原点开始移动机器人，使焊枪及焊丝末端轴向对准目标尖点。

（7）工具坐标系动作：通过工具坐标系的六个轴的动作，从原点开始移动机器人，使焊枪及焊丝末端轴向对准目标尖点。

（8）轴向对准目标尖点：对使用直角坐标系、工具坐标系和关节坐标系对准目标尖点进行评价。

5. 实训报告

完成表 3-3 所示的实训报告。

表 3-3　实训报告

<table>
<tr><th>实训名称</th><th colspan="3">机器人移动练习</th></tr>
<tr><td>小组成员</td><td colspan="3"></td></tr>
<tr><td>指导教师</td><td></td><td>学生姓名</td><td></td></tr>
<tr><td>实训时间</td><td></td><td>实训地点</td><td></td></tr>
<tr><td colspan="4">实训内容与目标</td></tr>
<tr><td colspan="4">熟练并精确地使用示教器操作机器人对点</td></tr>
<tr><td rowspan="2">考核项目</td><td colspan="3">熟悉各坐标系的功能及切换</td></tr>
<tr><td colspan="3">熟练使用拨动按钮精确并迅速地移动机器人</td></tr>
<tr><td colspan="4">实训准备</td></tr>
<tr><td>主要设备</td><td>辅助工具</td><td colspan="2">学习资料</td></tr>
<tr><td>焊接机器人</td><td></td><td colspan="2"></td></tr>
<tr><td>备注</td><td colspan="3"></td></tr>
<tr><td>具体分工</td><td colspan="3"></td></tr>
<tr><td>（直角）计划用时/min</td><td></td><td>实际用时/min</td><td></td></tr>
<tr><td>（工具）计划用时/min</td><td></td><td>实际用时/min</td><td></td></tr>
<tr><td>（关节）计划用时/min</td><td></td><td>实际用时/min</td><td></td></tr>
<tr><td colspan="4">1. 简述机器人对点的操作过程</td></tr>
<tr><td colspan="4">2. 简述各坐标系的名称及使用场合</td></tr>
<tr><td colspan="4">3. 简述收获与体会</td></tr>
</table>

项目小结

自动化智能焊接的水平已逐渐成为制约我国工业现代化的一个因素。从装备制造业应用的角度来看，要想发展装备制造业，一定要有一大批懂技术、精操作、高素质的人员作为后盾。因此，学习机器人坐标系，学好焊接机器人示教器是实践的基础。

复习思考题

1. 简述机器人坐标系都包括哪些内容。
2. 简述示教器各按钮的名称和功能。
3. 简述焊接机器人找示教点的方法。

项目四

焊接机器人示教编程

项目描述

目前，市场上使用的焊接机器人基本采用示教-再现的工作原理。焊接机器人的示教主要有两种方式:一是示教编程，通过编程引导机器人运动，并记忆机器人完成任务所需的示教点，以及插入相关编程指令来实现任务程序的创建;二是离线编程，编程人员不对实际工作的机器人直接进行示教，而是在专业机器人离线系统中进行编程或在模拟环境中进行仿真，然后生成任务程序并下载至机器人控制器。本项目从示教编程视角，通过尝试机器人堆焊等简单任务的示教编程，掌握焊接机器人的编程内容、示教流程和轨迹示教，并完成机器人任务程序的创建。本项目是根据焊接机器人编程人员的岗位工作内容开展的。

知识目标

- (1)掌握焊接机器人示教编程焊缝轨迹的内容和调试方法。
- (2)完成直线、圆弧、摆动轨迹任务程序的编制。

素养目标

- (1)勤学苦练，扎实知识，提升技能，较好地将理论与实践相结合。
- (2)知行合一，从而更好地分析问题、解决问题，做到举一反三。

任务一　机器人示教的基本流程

一、示教编程概述

1. 示教编程的定义

利用机器人代替人进行作业时,必须预先向机器人发出指令,规定机器人应该完成的动作和作业的具体内容,操作人员通过示教器对机器人进行手动示教,利用机器人语言进行在线或离线编程,实现程序回放,使机器人按程序要求的轨迹运动,这个指示过程称为示教编程。

示教也称导引,即由操作人员导引机器人,一步步按实际任务操作一遍,机器人在导引过程中自动记忆示教的每个动作的位置、姿态、运动参数、工艺参数等,并自动生成一个连续执行全部操作的程序;完成示教后,只需给机器人一个启动命令,机器人即可精确地按示教动作,一步步完成全部操作。这个过程就是示教与再现。

2. 示教编程的组成

示教编程内容主要由两部分组成:一是机器人运动轨迹的示教编程;二是机器人作业条件的示教编程。机器人运动轨迹的示教编程主要是为了完成某一作业中焊丝端部所要运动的轨迹,包括运动类型和运动速度的示教编程。机器人作业条件的示教编程主要是为了获得好的焊接质量,其中要对焊接条件进行示教,包括被焊金属的材质和板厚、对应焊缝形状的焊枪姿势和焊接参数、焊接电源的控制方法等。编程操作人员通过编程示教器输入机器人程序指令,并完成程序的编辑、修改和调试。

二、示教编程方法

1. 示教编程的基本操作流程

掌握正确的示教编程操作流程是高效和精准地完成示教编程的关键。示教编程的基本操作流程如图4-1所示。

2. 插补概述

1)插补的定义

依据机器人运动学理论,机器人手臂关节在空间内进行运动规划时,需要进行的大量工作是对关节变量的插值计算。插补是一种算法,可以理解为示教点之间的运动方式。对于有规律的轨迹,仅示教几个特征点,机器人就能利用插补算法获得中间点的坐标,直线插补和圆弧插补是机器人系统的基本插补算法,功能包括两点确定一条直线、三点确定一段圆弧等。在实际工作中,对于非直线和圆弧轨迹,可以将其切分成若干个直线段或圆弧段,以无限逼近的方法实现轨迹示教。

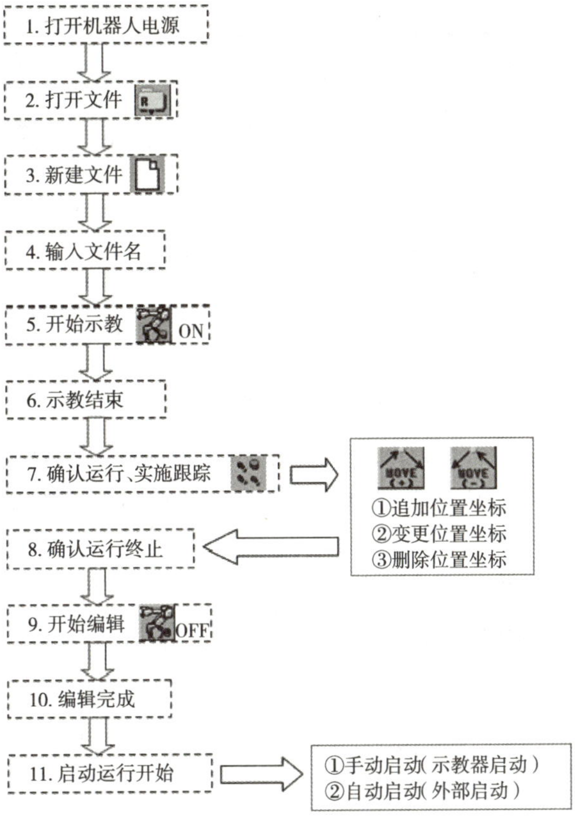

图 4-1　示教编程的基本操作流程

2)插补指令及运动方式

将机器人的移动指令储存在示教点,用来决定每段的插补指令及运动方式。

进行连续焊缝焊接时,不仅要求机器人准确定位起点和终点,而且要求对焊枪进行精确连续的轨迹控制。采用示教时,示教点越多,控制精度越高,但效率越低。因此,为提高效率一般只示教机器人运动路径上的某些关键点,然后机器人自身根据轨迹特征通过插补计算得到这些示教点之间必须到达的路径点,从而实现机器人的运动路径示教。

典型的插补方式及运动命令见表 4-1。

表 4-1　插补方式及运行命令

移动形态	插补方式说明	运动命令	轨迹示意
PTP	机器人在未规定采取何种轨迹移动时,使用关节插补	MOVEP	
直线插补	机器人从当前示教点到下一示教点运行一段直线	MOVEL	
圆弧插补	机器人沿着用圆弧插补示教的 3 个示教点执行圆弧轨迹移动	MOVEC	
直线摆动	机器人在用直线摆动示教的 2 个振幅点之间一边摆动一边向前沿直线轨迹移动	MOVELW	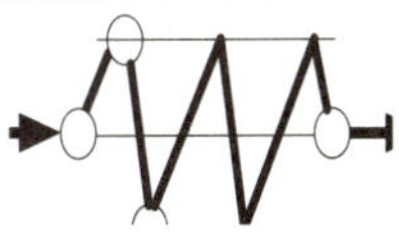

续表

移动形态	插补方式说明	运动命令	轨迹示意
圆弧摆动	机器人在用圆弧摆动示教的 2 个振幅点之间一边摆动一边向前沿圆弧轨迹移动	MOVECW	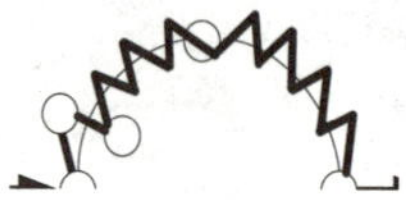
振幅点	在运动命令摆动插补的振幅点	WEAVEP	

3. 机器人运动模式

PTP 模式（点位控制型）：点到点的控制，两点之间的路径不控制。

CP 模式（连续轨迹控制型）：连续路径控制，两点之间的路径按照预先规划的路径。

机器人运动轨迹规划：确定机器人末端（焊枪）或关节在起点和终点之间走过的路径、在各个路径点的速度和加速度。

轨迹规划作用：机器人末端（焊枪）从起始位姿到终点位姿平稳过渡。

路径点：在起点和终点之间的中间点。

任务二　机器人示教前的准备

一、新建作业程序

示教机器人的运动轨迹前，需要用示教器新建作业程序，示教器通信启动后，其菜单界面图标和对应功能见表 4-2。

表 4-2　示教器菜单界面图标和对应功能

图标	名称	功能
	文件	用于程序文件的新建、保存、发送、删除等操作
	编辑	用于对程序命令进行剪切、复制、粘贴、查找、替换等操作
	视图	用于显示各种状态信息，如位置坐标、状态输入/输出、焊接参数等
	命令追加	用于在程序中追加次序指令、焊接指令、运算指令等
	设定	用于设定机器人、控制柜、示教器、弧焊电源等设备参数

将示教器的<模式切换开关>对准“TEACH”示教状态，使用<拨动按钮>选择菜单或子菜单选项，新建一个“Test”的作业程序。移动光标至菜单图标“文件”，侧击<拨动按钮>，在弹出的子菜单项目上点击“新建”，弹出“新建”窗口，在其中文件类型选“程序”，如图 4-2 所示。

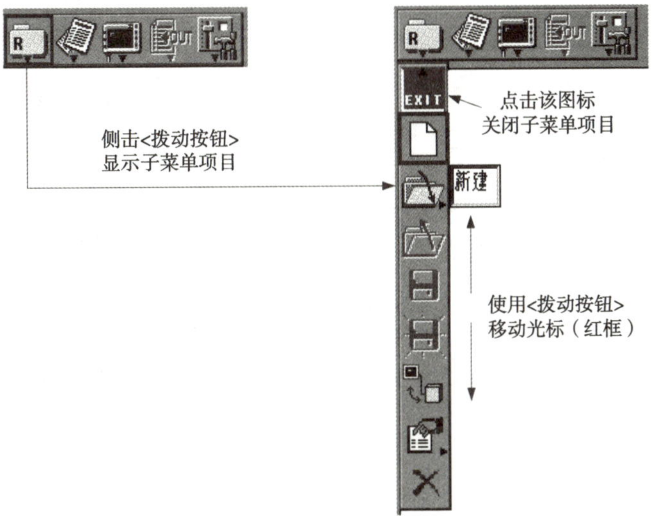

图 4-2　新建作业程序

将程序名修改为“Test”，如图 4-3 所示。

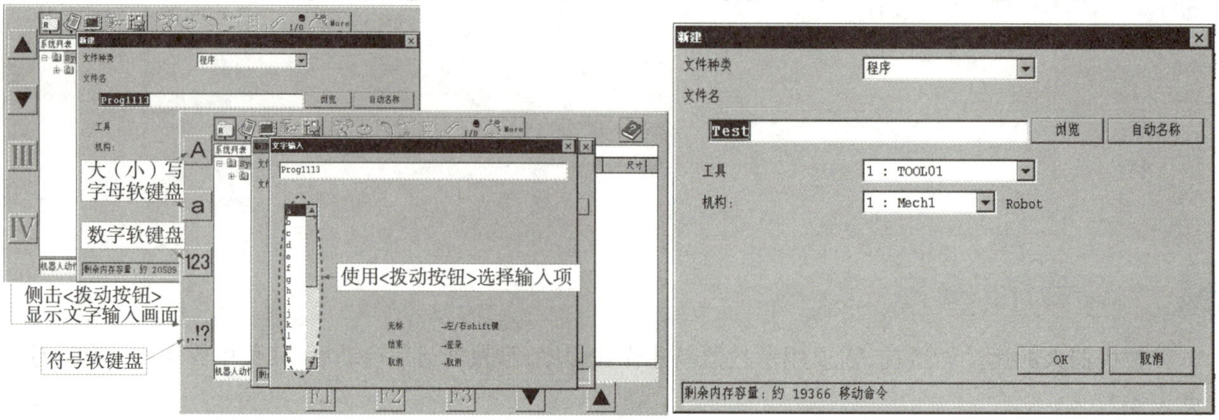

图 4-3　修改程序名

确认窗口内容后，点击“OK”或按“登录”键，程序将被登录到系统控制器中，并显示程序编辑窗口，且保存新建的“Test”程序，程序编辑窗口如图 4-4 所示。

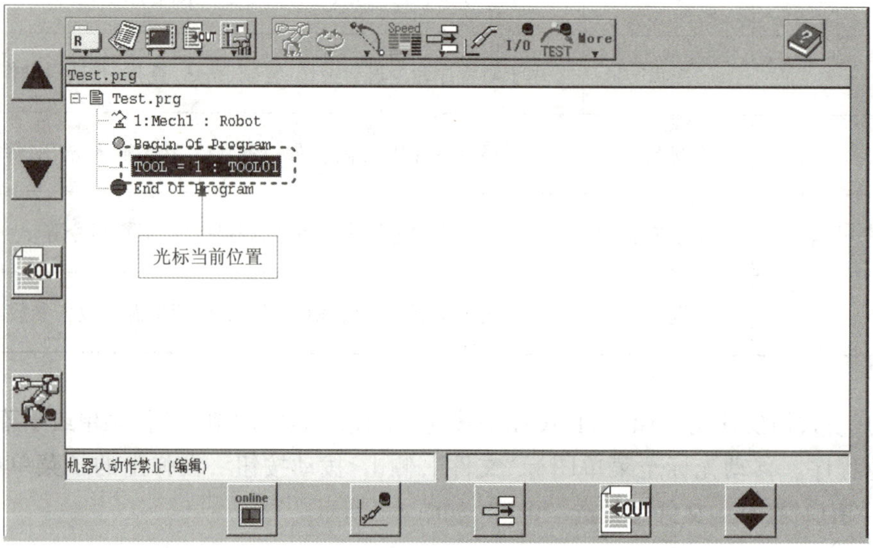

图 4-4　程序编辑窗口

二、打开及显示程序

打开已关闭的“Test”程序，按　移动光标至文件图标　，选择　菜单上的　（打开），侧击<拨动按钮>，在弹出的子菜单项目上点击　（程序文件）或　（近期文件），弹出“程序保存”确认窗口。

使用<拨动按钮>选择程序文件，确认无误后，单击“OK”或按　，在程序编辑窗口显示程序内容。

任务三　机器人移动示教操作

对于电弧焊而言,焊接电弧是熔化母材和填充金属的重要热源,通常一次熔敷形成一条单道焊缝(焊道)。根据焊接过程中电弧或电极是否摆动,可将焊道分为摆动焊道和线状焊道两类。

弧焊机器人的典型轨迹示教有直线示教、圆弧示教、直线摆动示教和圆弧摆动示教等。

一、直线示教

1. 直线示教的原则

根据两点确定一条直线的原则,当直线示教焊接起始点(焊接段的第一个示教点)及中间点(焊接结束点之前的其他示教点)时,插补指令为 MOVEL,将焊接起始点和中间点的属性设为“焊接”,将焊接结束点的属性设为“空走”,如图 4-5 所示。弧焊机器人完成直线轨迹焊缝的焊接需 2 个属性点,编程指令选“MOVEL”,两点之间插补类型为直线插补。示教点属性编辑的示教器界面如图 4-6 至图 4-9 所示。

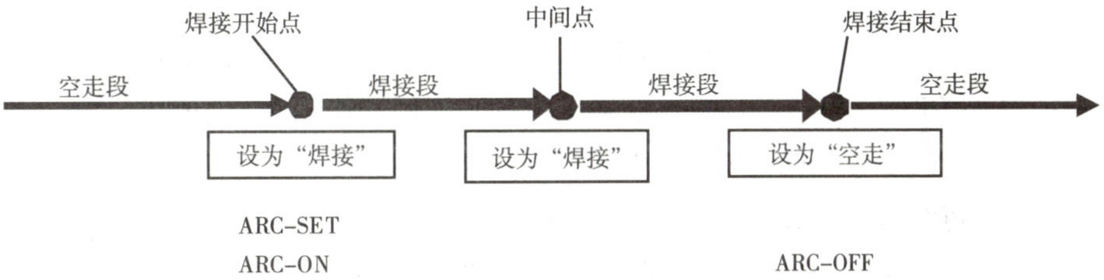

图 4-5　直线插补图示及示教方法

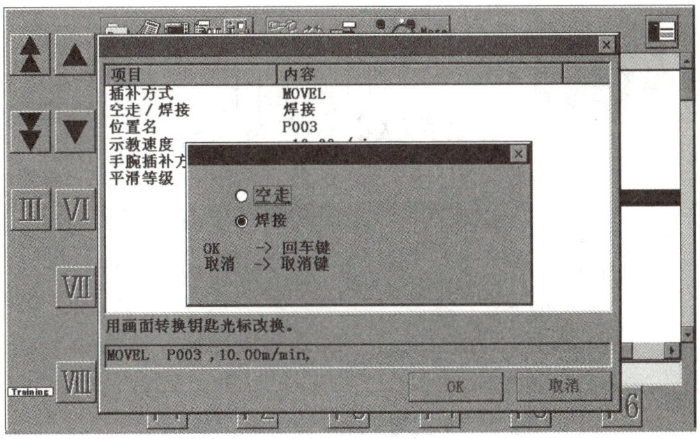

图 4-6　示教点属性编辑点选“焊接”

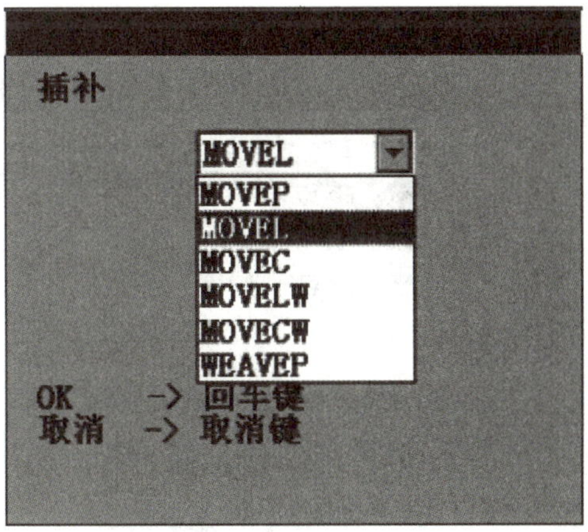

图 4-7　插补方式选“MOVEL”

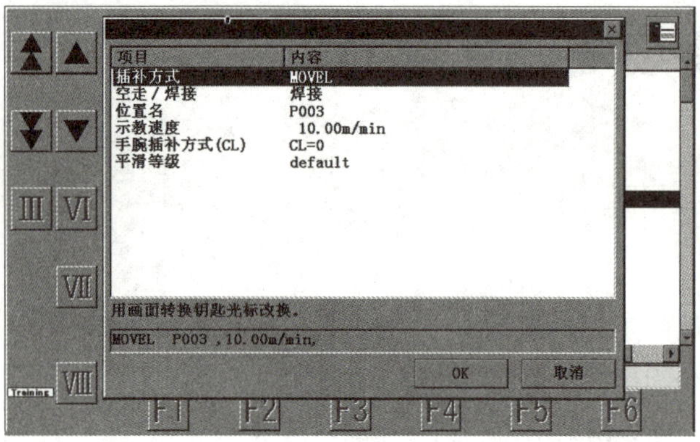

项目 内容
插补方式 MOVEL
空走／焊接 焊接
位置名 P003
示教速度 10.00m/min
手腕插补方式(CL) CL=0
平滑等级 default
用画面转换钥匙光标改换。
MOVEL P003 ,10.00m/min,
OK
取消

图 4-8 中间点选“焊接”

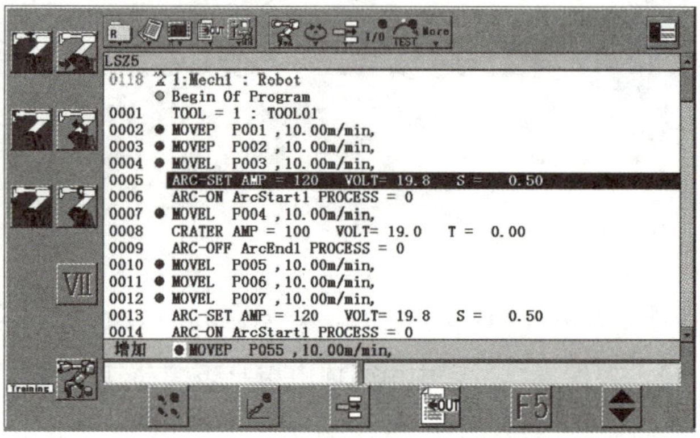

LSZ5
0118 1:Mech1 : Robot
Begin Of Program
0001 TOOL = 1 : TOOL01
0002 MOVEP P001 ,10.00m/min,
0003 MOVEP P002 ,10.00m/min,
0004 MOVEL P003 ,10.00m/min,
0005 ARC-SET AMP = 120 VOLT= 19.8 S = 0.50
0006 ARC-ON ArcStart1 PROCESS = 0
0007 MOVEL P004 ,10.00m/min,
0008 CRATER AMP = 100 VOLT= 19.0 T = 0.00
0009 ARC-OFF ArcEnd1 PROCESS = 0
0010 MOVEL P005 ,10.00m/min,
0011 MOVEL P006 ,10.00m/min,
0012 MOVEL P007 ,10.00m/min,
0013 ARC-SET AMP = 120 VOLT= 19.8 S = 0.50
0014 ARC-ON ArcStart1 PROCESS = 0
增加 MOVEP P055 ,10.00m/min,

图 4-9 示教点存储完成

2. 设置焊接条件

将焊接点保存为示教点时，焊接条件自动按默认参数生成，可以在打开的文件上进行编辑操作，更改每一个示教点的焊接条件，如图 4-10 所示。

3. 示教直线程序点的步骤

1）掌握正确的示教编辑方法

（1）在实践中，很难做到示教一遍就编出完美的程序，故需要在初步示教后进行跟踪操作，并进行修改和微调。

（2）正确选择坐标系可以提高示教的效率和质量。在通常情况下，点到点移动使用直角坐标系，示教接近点、退避点和变换焊枪角度使用工具坐标系，变换工位和圆周运动使用关节坐标系。

（3）不设多余的空走点，如多余的待机点、过渡点和中间点等。

（4）生成焊接点后，将焊枪后退并设置接近点，为防止和夹具发生碰撞，应精确地靠近工件。

（5）熟练使用点动动作，掌握微动调整，固定干伸长，增加示教准确度。

应根据机器人动作的顺序逐点进行示教。例如，对于 T 形接头水平角焊缝的各示教程序点，动作顺序由程序点 1 开始至程序点 6 结束，如图 4-11 所示。

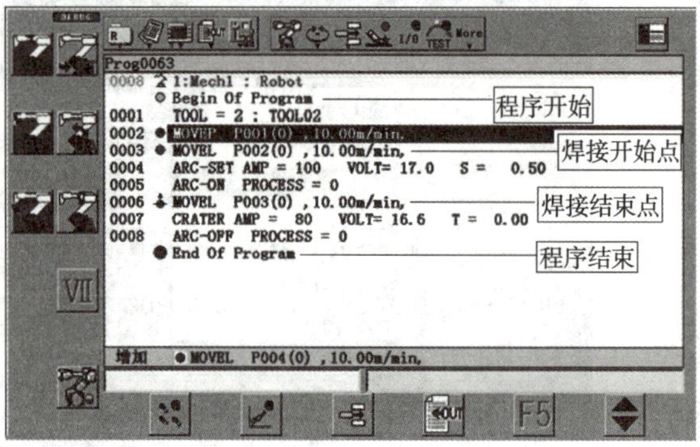

Prog0063
0008 1:Mech1 : Robot
Begin Of Program
0001 TOOL = 2 : TOOL02
0002 MOVEP P001(0) ,10.00m/min,
0003 MOVEL P002(0) ,10.00m/min,
0004 ARC-SET AMP = 100 VOLT= 17.0 S = 0.50
0005 ARC-ON PROCESS = 0
0006 MOVEL P003(0) ,10.00m/min,
0007 CRATER AMP = 80 VOLT= 16.6 T = 0.00
0008 ARC-OFF PROCESS = 0
End Of Program
程序开始
焊接开始点
焊接结束点
程序结束
增加 MOVEL P004(0) ,10.00m/min,

图 4-10 设置焊接条件

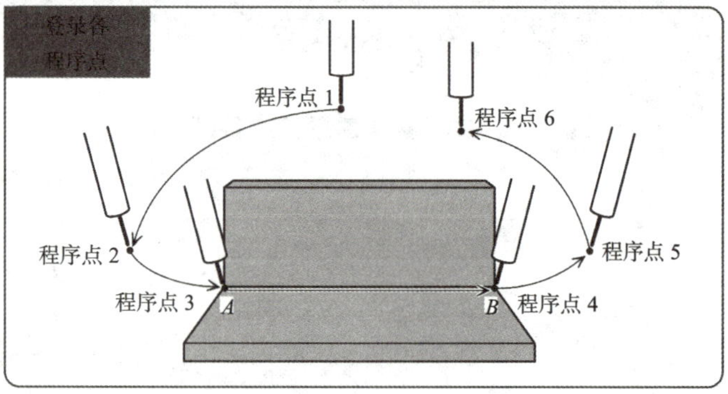

登录各
程序点
程序点 1
程序点 6
程序点 2
程序点 5
程序点 3
程序点 4
A
B

图 4-11 T 形接头水平角焊缝示教程序点

在示教焊接点时，应根据 T 形接头的焊缝特点，使焊枪在焊接段的姿态为行走角 80° ~90° 、焊枪工作角 45° 。

2）具体步骤

按程序点 1 到程序点 6 的顺序逐点进行示教，具体步骤如下。

（1）程序点 1 为原点，作为机器人运行程序的第一点登录，设置“MOVEP”和“空走”后保存。

（2）程序点 2 为过渡点（接近点，又称进枪点），其作用是避免焊枪与工件相撞，在该点处焊枪姿态与焊接时一致，设置“MOVEL”和“空走”后保存。

（3）程序点 3 为焊接起始点，使用工具坐标系，沿工具方向由程序点 2 移至该点（进枪点和焊接起始点的焊枪姿态要轴向重合），设置“MOVEL”和“焊接”后保存。

（4）程序点 4 为焊接结束点，设置“MOVEL”和“空走”后保存（焊接段焊枪姿态不能改变）。

（5）程序点 5 为过渡点（又称退避点），为避免焊枪与工件相撞，该点的焊枪姿态应与焊接时保持一致，设置“MOVEL”和“空走”后保存。

（6）程序点 6 为结束点，与程序点 1（原点）重合，可以将程序点 1 的程序位置复制并粘贴在程序最后。

二、圆弧示教

1. 圆弧轨迹示教

弧焊机器人实现圆弧轨迹焊缝的焊接通常需要 3 个以上属性点，编程指令选 MOVEC，两点之间插补类型为圆弧插补，如图 4-12 所示。

2. 圆弧插补的原则

一定要示教 3 个连续的圆弧点并保存，才能完成一段圆弧插补。如果示教并保存的点少于 3 个连续的点，示教点的动作轨迹将自动变为直线。

1）圆弧插补的不完全示教

焊接机器人根据插补算法计算一段圆弧，并沿圆弧移动。如果圆弧中间点超过一个，从当前点到下一点的圆弧形式将由当前点和其后的 2 个示教点决定。对于圆弧结束点之前的圆弧点，决定圆弧形状的 3 个点是前一点、当前点和圆弧结束点，如图 4-13 所示。

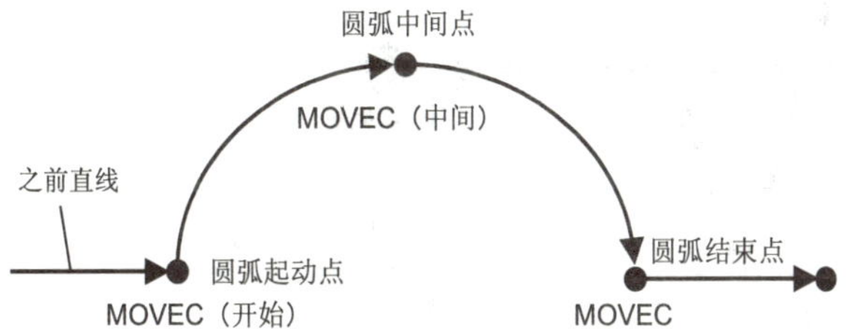

图 4-12 圆弧插补示意及示教方法

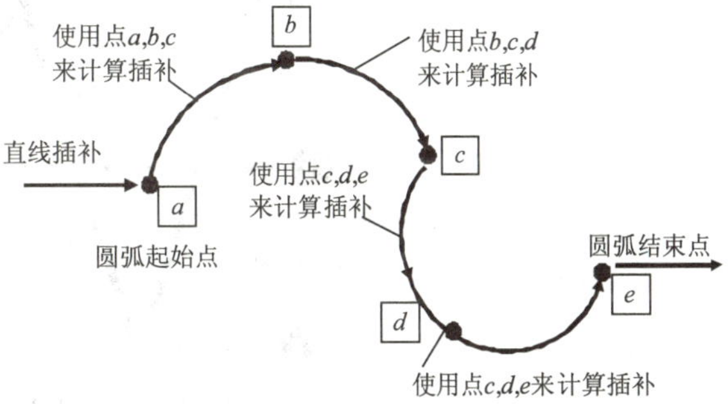

图 4-13 圆弧插补计算

2）圆弧插补的运用

对有 2 个及 2 个以上圆弧路径组合的情况，要明确所示教的 3 个点是否为一段圆弧上的 3 个点，否则机器人会出现计算错误，导致运行轨迹偏离示教点。可以采用两种办法解决偏离问题：一是在 2 个圆弧路径共有的示教点 *a* 处重复登录 3 次，在中间保存 1 个直线插补点或 PTP 插补点，作为前一段圆弧的结束点和下一段圆弧的开始点，如图 4-14 所示；二是直接将点 *a* 设为圆弧分离点。

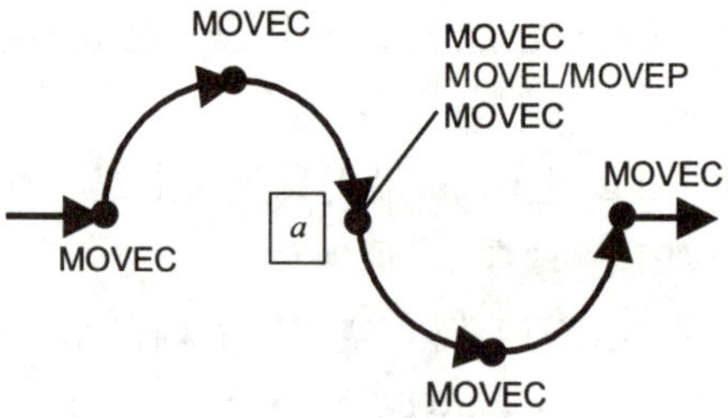

图 4-14　圆弧插补的运用及修正

3）示教点的位置

对于由 3 个圆弧点决定的圆弧路径，如果其中的 2 个点彼此太靠近，其中任意一点的位置发生微小变化，将导致路径形状发生巨大变化。因此，圆弧点的选择要合理。

三、附加摆动轨迹示教

在焊接时，为了能够有效地控制电弧热源熔敷金属的作用和焊接熔池的温度场分布，需要焊枪进行摆动。这就需要焊枪根据焊缝轨迹进行直线摆动和圆弧摆动。

1. 直线摆动示教

1）直线摆动示教的原则

机器人完成直线焊缝的摆动焊接（摆焊）至少需要示教 4 个关键位置点（1 个摆焊起始点、2 个摆焊振幅点和 1 个摆焊结束点），且摆焊起始点和摆焊结束点的动作类型（或插补方式）均为直线摆动，如图 4-15 所示。

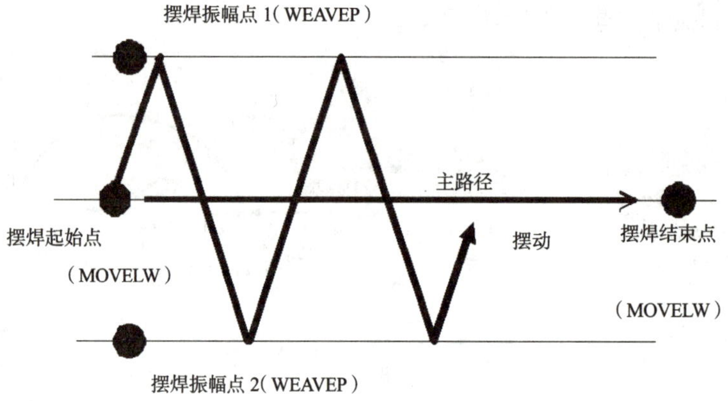

图 4-15　直线摆动插补示意图

2）直线摆动形式

（1）扩展摆动运动：如果继续追加 MOVELW 示教点，焊枪就会继续摆动，摆动段扩展部分的振幅是相同的。

（2）改变扩展摆动段的摆动振幅：在扩展示教段示教和保存新的摆动振幅点，插补指令为 WEAVEP。

3）直线摆动的不完全示教

直线摆动插补需要示教 4 个示教点完成直线摆动插补，如果其中任何一个点没有保存，即使其余示教点已经作为位置点保存，在跟踪操作和运行中，机器人都将以直线运动方式沿这些点运动。

3. 圆弧摆动示教

1)圆弧摆动示教的原则

机器人完成单一圆弧焊缝的摆动焊接至少需要示教 5 个关键位置点(1 个摆焊起始点、2 个摆焊振幅点、1 个摆焊中间点和 1 个摆焊结束点),且摆焊起始点、振幅点和结束点的动作类型(或插补方式)均为圆弧摆动 MOVECW,如图 4-16 所示。

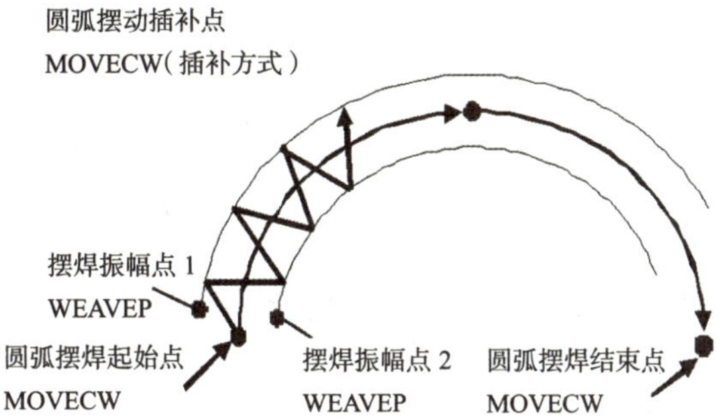

图 4-16　圆弧摆动插补示意

2)圆弧摆动的不完全示教

圆弧摆动插补必须至少示教和保存 5 个示教点,如果其中任何一个点没有保存,在跟踪和其他操作中,机器人都将以直线运动方式通过这些示教点。

任务四　跟踪操作及自动运行

一、跟踪操作

1. 跟踪操作的内容

跟踪操作能够检查示教点是否偏离焊缝以及焊枪的运行轨迹是否顺畅。可以找到示教点对应的程序指令，核对、查找、编辑、修改示教点的位置和数据。

2. 跟踪操作的方法

打开跟踪图标灯，启动跟踪操作；结束跟踪操作时，关闭跟踪图标灯。跟踪操作方法见表 4-3。

表 4-3　跟踪操作方法

图标	说明
	当跟踪图标上的跟踪图标灯亮时（绿色），可进行跟踪操作；按下功能键，点亮跟踪图标灯
	当跟踪图标灯熄灭时，不能进行跟踪操作；按功能键即到下一个功能图标，也可结束跟踪操作
	顺序执行程序，左手按下该键的同时，右手一直按住拨动按钮，向前跟踪到示教点，机器人停止；右手不断侧压拨动按钮（图 4-17），机器人便逐条执行命令，跟踪速度可通过右切换键选择
	反向执行程序，左手按下该键的同时，右手一直按住拨动按钮，向后跟踪到示教点，机器人停止；右手不断侧压拨动按钮，机器人便反向逐条执行命令，跟踪操作界面如图 4-18 所示
	单击跟踪图标灯使绿灯关闭，结束跟踪操作

图 4-17　跟踪操作界面

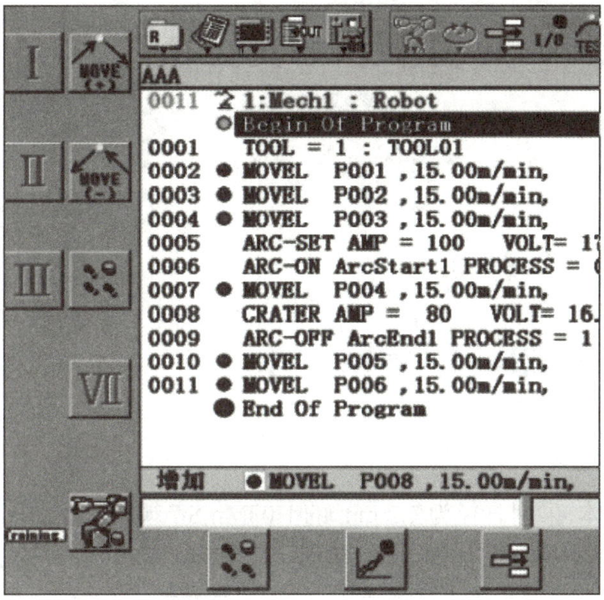
AAA
0011 1:Mech1 : Robot
Begin Of Program
0001 TOOL = 1 : TOOL01
0002 MOVEL P001 , 15.00m/min,
0003 MOVEL P002 , 15.00m/min,
0004 MOVEL P003 , 15.00m/min,
0005 ARC-SET AMP = 100 VOLT=
0006 ARC-ON ArcStart1 PROCESS =
0007 MOVEL P004 , 15.00m/min,
0008 CRATER AMP = 80 VOLT=
0009 ARC-OFF ArcEnd1 PROCESS = 1
0010 MOVEL P005 , 15.00m/min,
0011 MOVEL P006 , 15.00m/min,
End Of Program
增加 MOVEL P008 , 15.00m/min,

图 4-18　侧压拨动按钮进行跟踪

3. 跟踪操作的作用

跟踪操作的作用是检查示教点的位置和运行轨迹。

二、运行(Auto)模式

在跟踪操作的同时，可以修正错误示教点，从而完成程序修正。然后，旋转示教器左下角的钥匙，将示教器从“TEACH”模式切换到“AUTO”状态。此时能够看到示教器界面发生变化，即切换到自动运行当前程序界面，如图 4-19 所示。

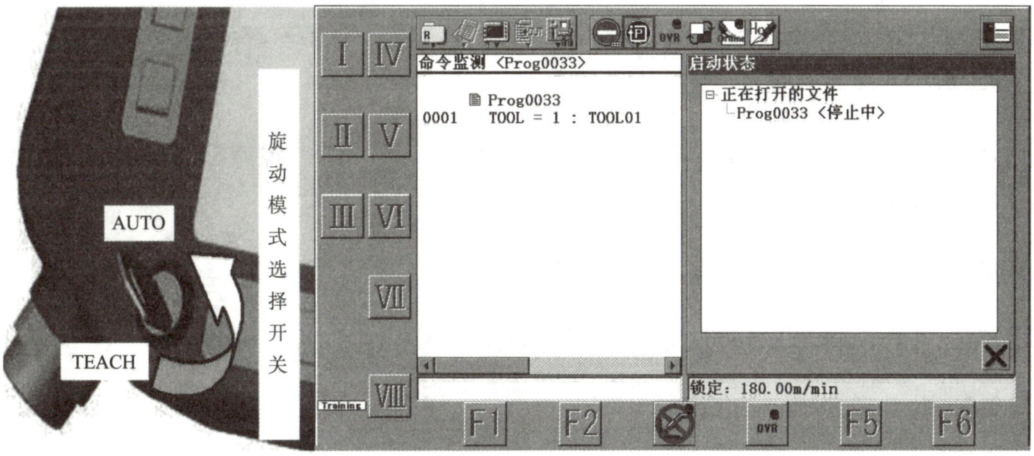
AUTO
TEACH
旋动模式选择开关
命令监测 <Prog0033>
启动状态
Prog0033
0001 TOOL = 1 : TOOL01
正在打开的文件
Prog0033 <停止中>
锁定：180.00m/min
F1
F2
F5
F6

图 4-19　自动运行当前程序界面

任务五　典型示教案例

一、板-板对接接头的机器人焊接示教

1. 任务内容

采用 CO_2 作为保护气体，采用直径为 1.2 mm 的 $H08Mn_2SiA$ 焊丝，手动操作机器人完成两块 Q235 钢板（200 mm × 50 mm × 4 mm）的对焊，如图 4-20 所示。要求焊缝宽度为 5~6 mm，余高为 0~3 mm，焊缝均匀整齐、成型良好。

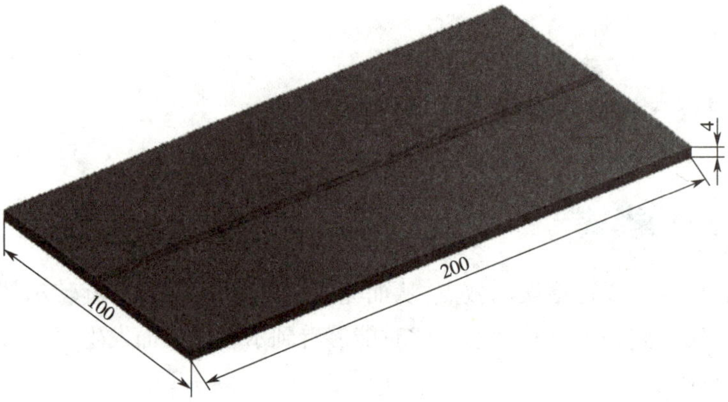

图 4-20　焊件尺寸

2. 任务分析

该任务属于对接机器人平焊薄板作业，其接头形式为Ⅱ形坡口对接，焊接形式为平焊，直接采用机器人直线焊缝行走即可，操作简单。

3. 设备

焊接机器人为 Panasonic TA1400，控制系统为 Panasonic GII 1400，电源为 Panasonic YD-350GR。

4. 任务实施

示教运动轨迹主要由 6 个示教点确定，轨迹如图 4-21 所示。

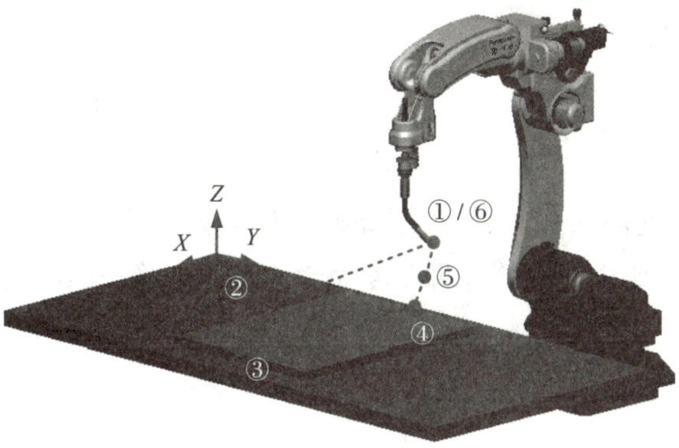

示教点	焊枪姿态			用途
	U(°)	V(°)	W(°)	
①	180	45	180	机器人原点
②	0	15	−0	作业临近点
③	0	15	−0	焊接开始点
④	0	15	−0	焊接结束点
⑤	0	15	−0	焊枪规避点
⑥	180	45	180	机器人原点

图 4-21　示教运行轨迹

根据 4 mm 厚 Q235 钢板 CO_2 对接焊接工艺参数（表 4-4），完成机器人焊接作业条件的输入。具体示教程序如图 4-32 所示。焊缝完成效果如图 4-23 所示。

表 4-4　焊接工艺参数

焊接电流/A	焊接电压/V	焊接速度/（m/min）	保护气流量/（L/min）
140~160	19.6~20.6	0.45~0.50	10~15

```
Line Teaching.prg
Line_Teaching.prg
  1:Mech1 : Robot
  Begin Of Program
  TOOL = 1 : TOOL01
  MOVEP  P1 ,20.00m/min
  MOVEP  P2 ,20.00m/min
  MOVEL  P3 ,20.00m/min
  ARC-SET AMP = 120   VOLT= 19.2   S =   0.50
  ARC-ON ArcStart1.prg RETRY = 2
  MOVEL  P4 ,20.00m/min
  CRATER AMP = 100   VOLT= 18.2   T =  0.00
  ARC-OFF ArcEnd1.prg RELEASE = 2
  MOVEL  P5 ,20.00m/min
  MOVEP  P6 ,20.00m/min
  End Of Program
```

图 4-22　示教程序

图 4-23　焊缝效果

二、管-板角接接头的机器人焊接示教

1. 任务内容

采用 CO_2 作为保护气体，采用直径为 1.2 mm 的 $H08Mn_2SiA$ 焊丝，手动操作机器人完成骑坐式管-板（材质为 Q235 钢）的垂直俯位焊作业，如图 4-24 所示。要求焊缝的焊脚高度为 5~6 mm，焊缝表面波纹均匀整齐，焊缝成型良好。

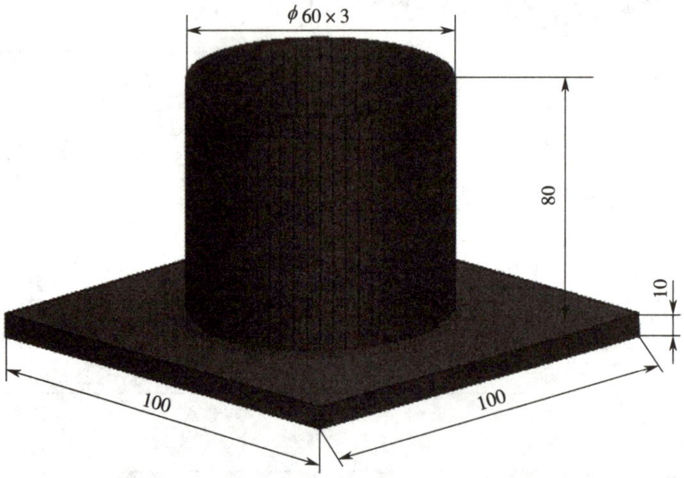

图 4-24　焊件尺寸

2. 任务分析

该骑坐式管-板角接接头产品的焊接是 T 形接头的特例，示教时，焊枪的角度、电弧对中的位置须随着管-板角接接头的弧度变化而变化。管与板在焊接时的散热状况和熔化情况不同，因此易产生咬边、焊偏等现象。利用机器人进行该产品的焊接时，可以直接采用圆弧轨迹示教，且共需焊接 9 个示教点。

3. 设备

焊接机器人为 Panasonic TA 1400，控制系统为 Panasonic GII 1400，电源为 Panasonic YD-350GR。

4. 任务实施

示教运动轨迹主要由 9 个示教点确定，轨迹如图 4-25 所示。

根据产品结构工艺参数（表 4-5），完成骑坐式管-板垂直俯位焊环形焊缝机器人焊接作业条件的输入。具体的示教程序如图 4-26 所示，焊缝完成效果如图 4-27 所示。

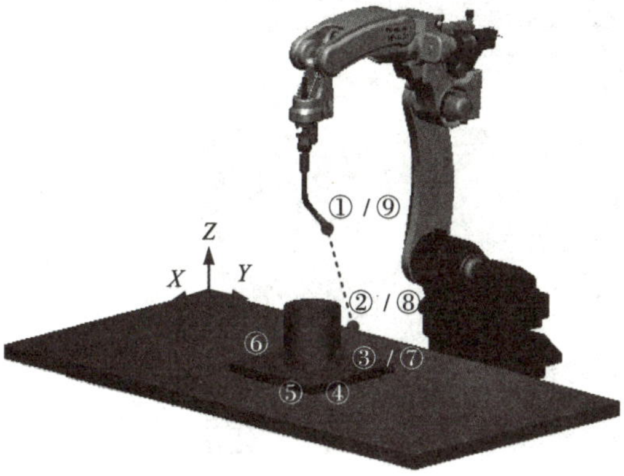

示教点	焊枪姿态			用途
	U/(°)	V/(°)	W/(°)	
①	180	45	180	机器人原点
②	0	45	-180	作业临近点
③	0	45	-180	圆弧/焊接开始点
④	-90	45	-180	圆弧/焊接中间点
⑤	180	45	180	圆弧/焊接中间点
⑥	90	45	180	圆弧/焊接中间点
⑦	0	45	-180	圆弧/焊接结束点
⑧	0	45	-180	焊枪规避点
⑨	180	45	180	机器人原点

图 4-25 示教轨迹

表 4-5 焊接工艺参数

焊接电流/A	焊接电压/V	焊接速度/(m/min)	保护气流量/(L/min)
150~170	20.1~21.3	0.45~0.50	15~20

○ Begin Of Program	程序开始
TOOL = 1 : TOOL01	末端工具选择
● MOVEP P1/P001 , 10.00m/min	机器人原点位置 （示教点①）
● MOVEP P2/P002 , 10.00m/min	移到作业开始位置附近 （示教点②）
● MOVEC P3/P003 , 5.00m/min	移到圆弧/焊接开始位置 （示教点③）
ARC-SET AMP = 120 VOLT = 19.2 S = 0.50	设定焊接开始规范
ARC-ON ArcStart1......	开始焊接
● MOVEC P4/P004 , 5.00m/min	移到圆弧/焊接中间位置 （示教点④）
● MOVEC P5/P005 , 5.00m/min	移到圆弧/焊接中间位置 （示教点⑤）
● MOVEC P6/P006 , 5.00m/min	移到圆弧/焊接中间位置 （示教点⑥）
● MOVEC P7/P007 , 5.00m/min	移到圆弧/焊接结束位置 （示教点⑦）
CRATER AMP = 100 VOLT = 18.2 T = 0.00	设定焊接结束规范
ARC-OFF ArcEnd1......	结束焊接
● MOVEL P8/P008 , 5.00m/min	移到焊枪规避位置 （示教点⑧）
● MOVEP P9/P009 , 10.00m/min	移到机器人原点位置 （示教点⑨）
● End Of Program	程序结束

图 4-26 示教程序

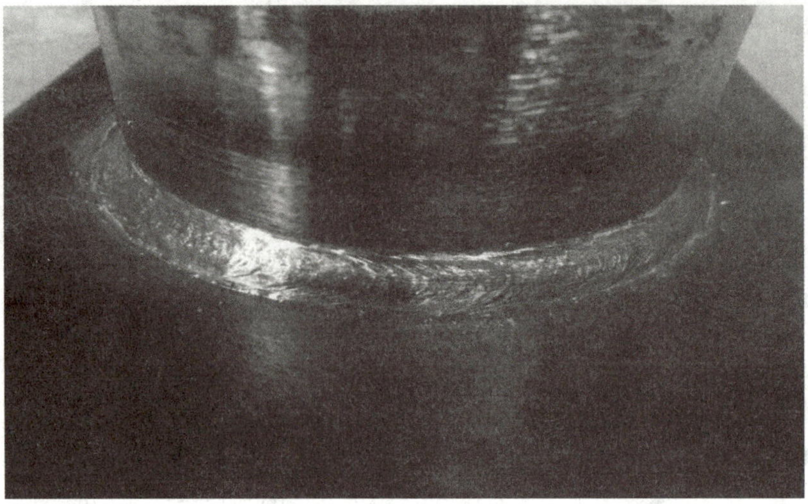

图 4-27　焊缝效果

三、板-板对接接头的机器人单面焊双面成形示教

1. 任务内容

采用 CO_2 作为保护气体，采用直径为 1.2 mm 的 $H08Mn_2SiA$ 焊丝，手动操作机器人完成两块 Q235 钢板（200 mm × 50 mm × 10 mm）的平对接单面焊双面成型作业，如图 4-28 所示。要求采用多层焊，第一层必须单面焊双面成型，正、背面焊缝余高为 0~3 mm，焊缝两侧无咬边，焊缝表面无气孔、焊瘤、夹渣和裂纹等缺陷，波纹均匀整齐，焊缝成型良好。

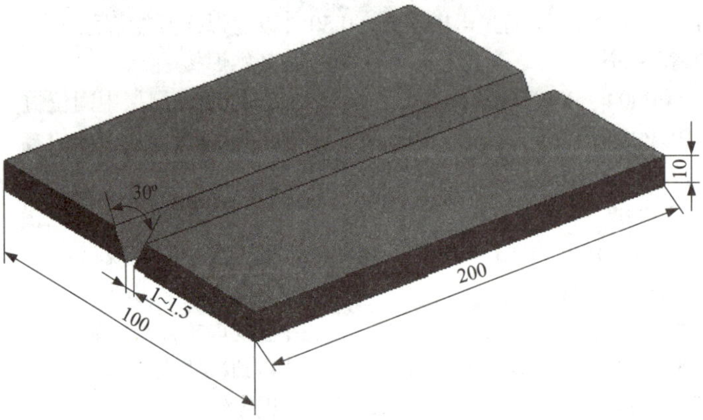

图 4-28　焊件尺寸

2. 任务分析

单面焊双面成型工艺一般用于无法进行双面施焊但又要求焊透的焊接接头。此技术适用于 V 形或 U 形坡口多层焊（打底、填充和盖面）的焊件，广泛应用于锅炉、压力容器、管道以及其他一些重要的焊接结构。该产品的焊接难点主要是第一层单面焊双面成型焊缝和各层之间易产生未熔合。焊缝轨迹可以采用焊接机器人直线摆动方式得到。

3. 设备

焊接机器人为 Panasonic TA 1 400，控制系统为 Panasonic GII 1400，电源为 Panasonic YD-350GR。

4. 任务实施

示教运动轨迹主要由 13 个示教点确定，轨迹如图 4-29 所示。

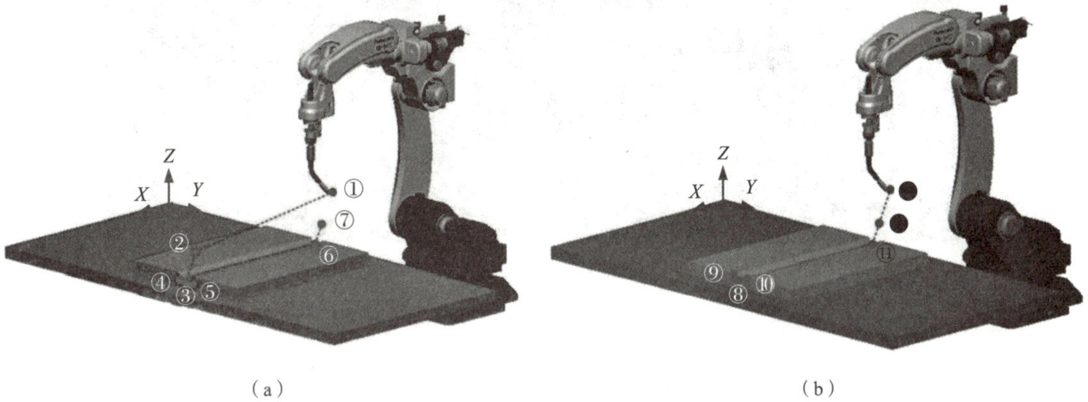
Z
X
Y
①
②
③
④
⑤
⑥
⑦
(a)
Z
X
Y
⑧
⑨
⑩
⑪
(b)

图 4-29　示教轨迹

(a)打底层　(b)盖面层

根据 10 mm 厚 Q235 钢板 CO_2 保护对接焊接工艺参数(表 4-6)，完成板-板对接接头单面焊直线摆动机器人焊接作业条件的输入。具体示教程序如图 4-30 所示，焊缝完成效果如图 4-31 所示。

表 4-6　焊接工艺参数

项目	焊接电流/A	焊接电压/V	焊接速度/(m/min)	保护气流量/(L/min)	摆动振幅/mm	摆动频率/Hz	摆动类型
打底层	160~180	20.6~21.8	0.20~0.30	12~15	2.25	2.5	类型 1
盖面层	220~240	23.8~25.2	0.20~0.30	15~20	3.43	3.0	低速摆动

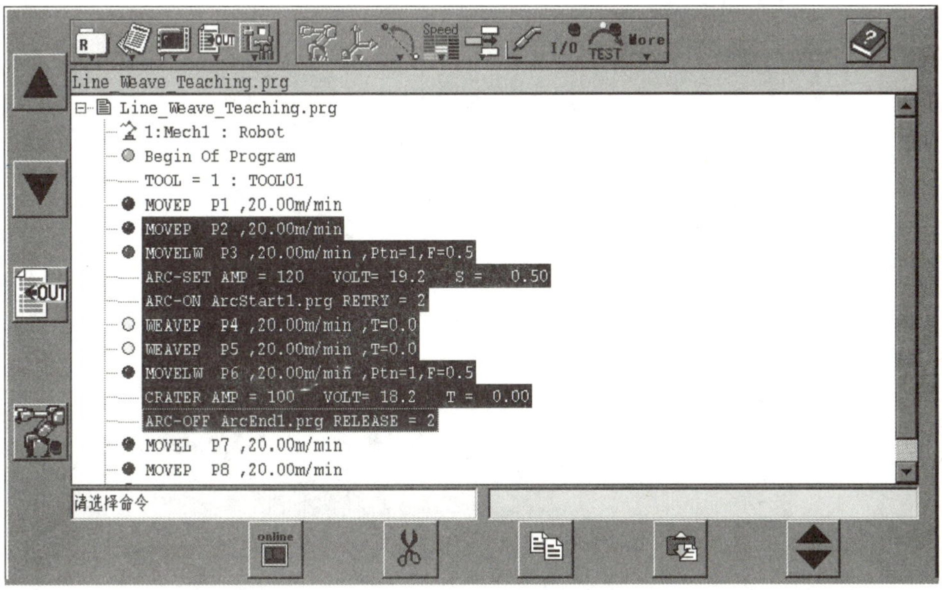
Line Weave Teaching.prg
Line_Weave_Teaching.prg
1:Mech1 : Robot
Begin Of Program
TOOL = 1 : TOOL01
MOVEP P1 ,20.00m/min
MOVEP P2 ,20.00m/min
MOVELW P3 ,20.00m/min ,Ptn=1,F=0.5
ARC-SET AMP = 120 VOLT= 19.2 S = 0.50
ARC-ON ArcStart1.prg RETRY = 2
WEAVEP P4 ,20.00m/min ,T=0.0
WEAVEP P5 ,20.00m/min ,T=0.0
MOVELW P6 ,20.00m/min ,Ptn=1,F=0.5
CRATER AMP = 100 VOLT= 18.2 T = 0.00
ARC-OFF ArcEnd1.prg RELEASE = 2
MOVEL P7 ,20.00m/min
MOVEP P8 ,20.00m/min
请选择命令

图 4-30　示教程序界面截图

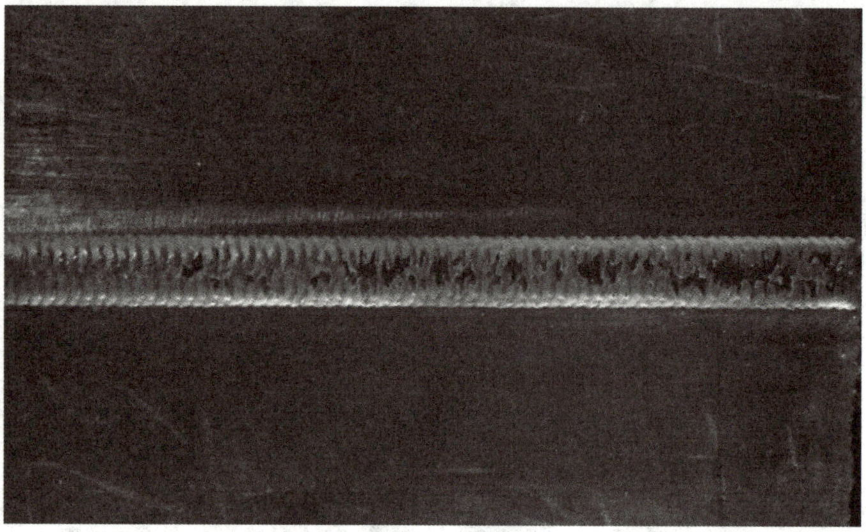

图 4-31　焊缝效果

任务六　机器人焊字

1. 实训目的

通过焊接文字过程，练习机器人直线、圆弧的示教方法，巩固学生的编程操作技能。

2. 实训内容

使用直线、圆弧插补命令编程，完成焊接参数设定和焊接机器人示教，焊接由直线和圆弧组成的文字。以“焊接专业”的“焊”字为例，完成“焊”字的焊接顺序及示教点位置规划，如图 4-32 所示。

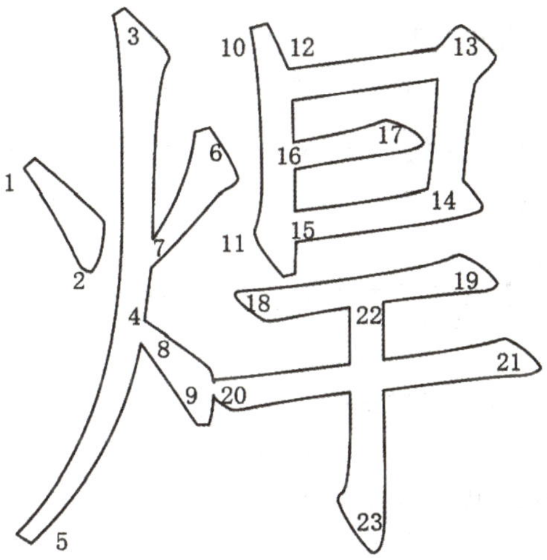

图 4-32　“焊”字的示教点位置规划

3. 设备及工具、工件准备

设备及工具、工件准备明细见表 4-7。

表 4-7　设备及工具、工件准备明细

名称	型号与规格	单位	数量
弧焊机器人	臂伸长 1 400 mm	台	1
焊丝	ER50-6、ϕ1.2 mm	盒	1
混合气	80%(体积分数)Ar+20%(体积分数)CO_2	瓶	1
纱手套	自定	副	1
尖嘴钳	自定	把	1
钢丝刷	自定	把	1
扳手	自定	把	1

续表

名称	型号与规格	单位	数量
钢直尺	自定	把	1
十字螺钉旋具	自定	个	1
焊缝测量尺	自定	把	1
粉笔	自定	根	1
白纸	A4	张	1
胶带	透明	卷	1
劳保用品	面罩、工作服、工作鞋等	套	1
工件	Q235 钢，300 mm × 150 mm × 10 mm	块	1

4. 实训步骤

所涉及的移动指令如下。

（1）点对点移动：机器人系统的定位将在两点之间以最短的路径进行，由于所有轴的移动同时开始和结束，所有轴必须同步，因此无法精确地预计机器人的轨迹。

（2）直线移动：工具及工件从参照点沿着一条通往目标点的直线移动。

（3）圆弧移动：工具及工件从参照点沿着一条圆弧移动到目标点，这条轨迹由起始点、中间点、结束点来描述。

根据上述移动指令，按照“焊”字的书写顺序进行轨迹规划。以 Panasonic 机器人为例，图 4-32 所示各点的插补命令及属性分别如下：第 1 点 MOVEL（焊接点），第 2 点 MOVEL（空走点）；第 3 点 MOVEC（焊接点）；第 4 点 MOVEC（焊接点），第 5 点 MOVEC（空走点）；第 6 点 MOVEL（焊接点）；第 7 点 MOVEL（空走点）；第 8 点 MOVEL（焊接点），第 9 点 MOVEL（空走点）；第 10 点 MOVEL（焊接点）；第 11 点 MOVEL（空走点）；第 12 点 MOVEL（焊接点），第 13 点 MOVEL（焊接点），第 14 点 MOVEL（焊接点），第 15 点 MOVEL（空走点）；第 16 点 MOVEL（焊接点），第 17 点 MOVEL（空走点）；第 18 点 MOVEL（焊接点），第 19 点 MOVEL（空走点）；第 20 点 MOVEL（焊接点），第 21 点 MOVEL（空走点）；第 22 点 MOVEL（焊接点），第 23 点 MOVEL（空走点）。

焊字过程中，焊枪角度应始终垂直于钢板，并保持焊丝干伸长始终一致（焊丝伸出长度为 13~14 mm）。

为了在焊缝间移动过程中不刮擦焊丝，在每一笔焊接结束后，应提高焊枪 20 mm 并设为过渡点。在焊字练习中，为了便于查找和修改程序方便，当字数较多时，可以在每个字对应程序的开头用标签命令“label”标记。

字的笔画粗细可通过调节和改变焊接电流和焊接速度进行调整。若要让字的笔画粗一些，应提高焊接电流或者降低焊接速度慢一些。

“焊接专业”中的其他 3 个字的示教过程及焊接方法与“焊”字类似，最后焊接效果如图 4-33 所示。

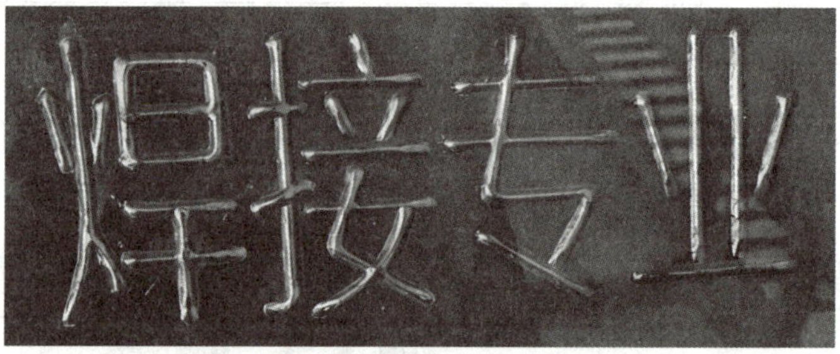

图 4-33 “焊接专业”焊字效果

5. 实训报告

填写表 4-8 所示实训报告。

表 4-8　实训报告

<table>
<tr><th>实训名称</th><th colspan="4">机器人焊字</th></tr>
<tr><td>小组成员</td><td colspan="4"></td></tr>
<tr><td>指导教师</td><td></td><td colspan="2">学生姓名</td><td></td></tr>
<tr><td>实训时间</td><td></td><td colspan="2">实训地点</td><td></td></tr>
<tr><td colspan="5">实训内容与目标</td></tr>
<tr><td colspan="5">临摹文字的笔画进行示教编程及焊接</td></tr>
<tr><td rowspan="2">考核项目</td><td colspan="4">熟练运用圆弧和直线插补命令进行编程</td></tr>
<tr><td colspan="4">正确设定焊接参数并实施焊接</td></tr>
<tr><td colspan="5">实训准备</td></tr>
<tr><td>主要设备</td><td colspan="2">辅助工具</td><td colspan="2">学习资料</td></tr>
<tr><td>焊接机器人</td><td colspan="2"></td><td colspan="2"></td></tr>
<tr><td>备注</td><td colspan="4"></td></tr>
<tr><td>具体分工</td><td colspan="4"></td></tr>
<tr><td>计划用时/min</td><td></td><td colspan="2">实际用时/min</td><td></td></tr>
<tr><td>备注</td><td colspan="4"></td></tr>
<tr><td colspan="5">1. 简述机器人焊字的工作流程</td></tr>
<tr><td colspan="5">2. 说明焊接参数的设定对焊字的影响</td></tr>
</table>

续表

3. 简述收获与体会

6. 任务扩展

按照机器人焊字的方法，自主设计图形，编程并控制焊接机器人完成自主设计图形焊缝的平板堆焊任务。

项目小结

直线焊缝是焊接板-板对接接头、板-板角接接头、板-板 T 形接头和板-板搭接接头的主流焊缝形式。许多复杂焊接结构的焊缝都是由若干条直线焊缝组合连接而成的，如船舶和桥梁的箱体结构等的焊接。

弧形（圆周）焊缝是焊接管-板 T 形接头、管-管对接接头和管-管角接接头的主流焊缝形式。很多复杂的焊接结构的焊缝都是由直线和弧形焊缝组合连接而成的，如锅炉、压力容器及其关键部件的焊缝。

在弧焊机器人作业过程中，熔池的几何形态和尺寸直接决定焊缝成型质量。为避免立焊、横焊和全位置焊时熔池因重力而向下沉，合理控制焊接电弧对母材和熔池的动态热作用至关重要。因此，必须准确控制机器人焊枪摆动轨迹。

直线轨迹、圆弧轨迹、摆动轨迹是焊接机器人连续运动路径的典型，同时也是焊接机器人任务编程中的常见运动轨迹。

复习思考题

一、填空题

1.Panasonic 机器人完成直线焊缝的焊接示教需____个特征点，插补方式是______。

2.Panasonic 机器人完成单一圆弧焊缝的焊接至少需要示教____个关键位置点（圆弧_____、圆弧______和圆弧_____），且每个关键位置点的动作类型（或插补方式）均为_____。

二、实践题

1. 利用焊接机器人在钢板表面堆焊如图 4-34 所示的图案，并简述操作过程。

2. 利用焊接机器人在钢板表面堆焊如图 4-35 所示的图案，并简述操作过程。

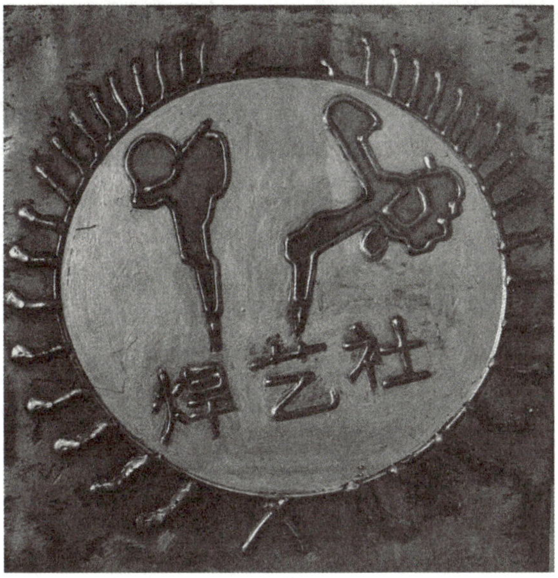

图 4-34　机器人堆焊图案 1

图 4-35　机器人堆焊图案 2

项目五

机器人焊接指令编程

项目描述

在一套成熟的焊接机器人系统中，为尽可能减少清理或更换系统配件所产生的停机时间，以及始终通过保持最佳的焊接位置来保证焊接质量的稳定，合理设置焊接机器人与自动清枪器、焊接变位机等周边(工艺)辅助设备之间的动作次序显得尤为重要。本项目通过骑坐式管-板T形接头船形焊的任务编程，掌握焊接机器人与周边(工艺)辅助设备间的动作次序示教要领。

知识目标

- (1)熟悉常用工业机器人的焊接指令。
- (2)掌握焊接机器人的焊接工艺。
- (3)掌握机器人的离线编程软件及方法。
- (4)能够使用焊接机器人及周边辅助设备完成骑坐式管-板T形接头船形焊的任务编程。

素养目标

- (1)培养学生探索未知的精神，使其学会并寻求焊接机器人周边设备的最佳使用方法。
- (2)通过实践，培养学生的理性思维和实践精神。

任务一　常用机器人焊接指令

对于实训中用到的焊接机器人设备，常见的指令有移动指令、输入/输出指令、流程指令、焊接指令等，整理如下。

一、机器人指令

1. 移动指令

移动指令有 MOVEP、MOVEL、MOVELW、MOVEC、MOVECW、WEAVEP，详见表 5-1。

表 5-1　移动指令

指令	MOVEP	MOVEL	MOVELW	MOVEC	MOVECW	WEAVEP
格式	MOVEP　位置名称　手动速度	MOVEL　位置名称　手动速度	MOVELW　位置名称　手动速度　摆动方式　频率　定时器	MOVEC　位置名称　手动速度	MOVECW　位置名称　手动速度　摆动方式　频率　定时器	WEAVEP　位置名称　手动速度　定时器
功能	PTP 插补	直线插补	直线摆动插补	圆弧插补	圆弧摆动插补	摆动振幅点
位置名称	示教位置型变量 机器人向此点移动的速度	示教位置型变量 机器人向此点移动的速度	示教位置型变量 摆动方式（n） 摆动频率 摆动定时器	示教位置型变量 机器人向此点移动的速度	示教位置型变量 摆动方式（n） 摆动频率 摆动定时器	示教位置型变量 机器人向此点移动的速度 摆动定时器
示例	MOVEP　P1 7.5m/min	MOVEL　P2 7.5m/min	MOVELW　P3 7.5m/min Ptn=1　F=0.5	MOVEC　P4 7.5m/min	MOVECW　P5 7.5m/min　Ptn=1 F=0.5	WEAVEP　P6 7.5m/min　T=0.0

2. 输入、输出指令

输入、输出指令有 IN、OUT，详见表 5-2。

表 5-2　输入、输出指令

指令	IN	OUT
格式	IN　变量=端子类型（端子名称）	OUT　端子类型（端子名称）=数值
功能	数字信号输入，将 I/O 端口的信号状态输入一变量	数字信号输入（向输出端口输出信号）
端子类型	输入端子类型（数值或变量（GB，LB）） i1#——1 位输入端子 i4#——4 位输入端子 i8#——8 位输入端子	输出端子类型（数值或变量（GB，LB）） o1#——1 位输出端子 o4#——4 位输出端子 o8#——8 位输出端子
端子名称	端子标签或编号（数值或变量（GB，LB））	端子标签或编号（数值或变量（GB，LB））

续表

指令	IN	OUT
示例	IN　LB001=i1#(001)	OUT　01#(001)=ON

3. 流程指令

流程指令有 CALL、DELAY、HOLD、IF、JUMP、LABEL、NOP、REM、RET、STOP、WAIT_IP、WAIT_VAL，详见表 5-3。

表 5-3　流程指令

指令	CALL	DELAY	HOLD	IF
格式	CALL　文件名称	DELAY　T=s	HOLD　信息	IF [因素 1]条件[因素 2] THEN[执行 1]ELSE[执行 2]
功能	调用一个程序并运行，调用结束后继续运行原程序	延时，停止工作一段时间	暂时停止，当前操作产生错误时，用此功能停止操作	条件跳转语句，根据条件判断结果跳转到下一动作
示例	CALL　PRG001.prg	DELAY　10.00s	HOLD　10.00s	IF　LB001=10　THEN　JUMP　LABL001　ELSE　NOP
指令	JUMP	LABEL	NOP	REM
格式	JUMP　标签	LABEL 标签	NOP	REM　注释
功能	跳转到某一特定标签并执行操作	跳转地址标签	无操作	注释，为文件加注释
示例	JUMP　LABL001	JUMP　LABL001	NOP	REM　开始焊接
指令	RET	STOP	WAIT_IP	WAIT_VAL
格式	RET	STOP	WAIT_IP[输入端口号][条件][输入数值]　T=[数值]s	WAIT_VAL[输入编号][条件][输入数值]　T=[定时器]s
功能	结束当前程序，返回并继续运行原程序	结束当前操作	直到条件满足才结束等待，在给定时间后重新开始运行	输入条件，到条件成立之前停止运行
示例	RET	STOP	WAIT_IP　i1#(001)=ON　T=20 s	WAIT_VAL　i1#(001)=ON　T=20 s

二、焊接指令

焊接指令在焊接机器人焊接中必不可少，实训设备中常见的焊接指令有 35 个，详见表 5-4。

表 5-4 焊接指令

1	ADJRST	格式	ADJRST
		功能	将焊接微调整重新设置为默认值
		示例	ADJRST
2	AMP	格式	AMP=[安培数]
		功能	设置焊接电流值，焊接电流（A）设置范围为 1~999
		示例	AMP=210
3	ARC-ON	格式	ARC-ON [文件名称] RETRY=[表]
		功能	开始焊接操作
		示例	ARC-ON ArcStart1 RETRY=0
4	ARC-OFF	格式	ARC-OFF [文件名称] RELEASE=[表]
		功能	结束焊接操作
		示例	ARC-OFF ArcEnd1
5	ARC-SET	格式	ARC-SET AMP=[电流] VOLT=[电压] S=[速度]
		功能	设置焊接操作参数，焊接电流（A）范围为 1~999，焊接电压（V）范围为 0.1~99.9 V，焊接速度（m/min）范围为 0.01~120.00
		示例	ARC-SET A=200 V=21 S=0.50
6	ARC-SET_TIG	格式	ARC-SET_TIG Ib=[基值电流] Ip=[峰值电流] WF=[填丝速度] FRQ=[频率] S=[速度]
		功能	设置 TIG 焊接条件，包括基值电流（A）、峰值电流（A）、填丝速度（cm/min）、频率（Hz）、焊接速度（m/min）
		示例	ARC-SET_TIG Ib=120 Ip=180 WF=10 FRQ=0.5 S=0.50
7	BBKTIME	格式	BBKTIME [数值]
		功能	设置焊丝回烧时间，增加数值则延长回烧时间，降低烧导电嘴的概率，微调数值范围[-15~+15]
		示例	BBKTIME +1
8	CEATER	格式	CEATER AMP=[电流] VOLT=[电压] T=[定时器]
		功能	设置焊接收弧参数，收弧电流（A）范围为 1~999，收弧电压（V）范围为 0.1~99.9，收弧时间（s）范围为 0~99
		示例	CEATER A=120 V=16 T=0.2
9	CEATER_TIG	格式	CEATER_TIG Ib=[基值电流] Ip=[峰值电流] WF=[填丝速度] FRQ=[频率] S=[速度] T=[定时器]
		功能	设置 TIG 焊接收弧条件，包括基值电流（A）、峰值电流（A）、填丝速度（cm/min）、频率（Hz）、焊接速度（m/min）、收弧时间（s）
		示例	CEATER_TIG Ib=100 Ip=120 WF=10 FRQ=1.0 S=0.50 T=0.2
10	FTTLVL	格式	FTTLVL [数值]
		功能	调整 FTT 电压等级：增加数值使焊丝端部为球形，减小粘丝的概率； 减小数值使焊丝端部为尖形，提高起弧成功率。 对系统设定值的微调整数值范围为-15~+15
		示例	FTTLVL +1

续表

11	GASVALVE	格式	GASVALVE [ON/OFF]
		功能	打开或者关闭气阀
		示例	GASVALVE ON
12	HOTVLT	格式	HOTVLT [数值]
		功能	调整热电压,微调整数值范围为-15~+15; 数值调大,起弧后焊丝触碰率降低; 数值调小,起弧后焊丝回烧受到的抑制减小
		示例	HOTVLT +1
13	IAC	格式	IAC [数值]
		功能	调整焊接电流波形的电弧电流折射值,微调整范围为-3~+3
		示例	IAC +1
14	IB	格式	IB=[基值电流]
		功能	调整基值电流(A),调整值范围为-3~+3
		示例	IB=+1
15	IB_TIG	格式	IB_TIG=[基值电流]
		功能	调整 TIG 焊接的基值电流(A),调整值范围为 0~999
		示例	IB_TIG=100
16	IP	格式	IP=[峰值电流]
		功能	调整峰值电流(A),调整值范围为-3~+3
		示例	IP=+1
17	IP_TIG	格式	IP_TIG=[峰值电流]
		功能	调整 TIG 焊接的峰值电流(A),调整值范围为 0~999
		示例	IP_TIG=150
18	ISC	格式	ISC [数值]
		功能	调整焊接电流波形的短路电流倾斜角(°),调整值范围为-3~+3
		示例	ISC +1
19	PDUTY	格式	PDUTY [脉冲幅度]
		功能	设置脉冲幅度,范围为 5%~95%
		示例	PDUTY 50%
20	PDUTY_TIG	格式	PDUTY_TIG [脉冲宽度]
		功能	设置 TIG 焊接的脉冲宽度,范围为 5%~95%
		示例	PDUTY_TIG 50%
21	PENET	格式	PENET [调整数值]
		功能	调整熔深控制数值(mm),微调整数值范围为-3~+3
		示例	PENET +1
22	PFRQ	格式	PFRQ [脉冲频率]
		功能	调整脉冲频率(Hz),数字 MIG 焊机的调整值范围为-10~+10
		示例	PFRQ +1

续表

23	PFRQ_TIG	格式	PFRQ_TIG [脉冲频率]
		功能	调整 TIG 焊接的脉冲频率(Hz),数字 TIG 焊机的调整值范围为 0 或 0.8~500
		示例	PFRQ_TIG +1
24	PMODE	格式	PMODE [模式]
		功能	设置脉冲模式,设置范围为软/硬/混合
		示例	PMODE SOFT
25	STICKCHK	格式	STICKCHK [ON/OFF]
		功能	启动或结束粘丝监测操作
		示例	STICKCHK ON
26	TIGSLP	格式	TIGSLP Ib=[电流 1] Ip=[电流 2] [类型] [数值]
		功能	设置 TIG 焊接中某一距离或时间内的焊接条件。 [电流 1]为新的基值电流; [电流 2]为新的峰值电流; [类型]为使用新参数进行焊接的时间或距离,其中, T 为通过时间, D 为通过距离, NEXT*为到下一示教点; [数值]为数值或变量,其中, T 为输入时间(s), D 为输入距离(mm), NEXT*为没有数值
		示例	TIGSLP Ib=120 Ip=240 D=100
27	TORCHSW	格式	TORCHSW [ON/OFF]
		功能	闭合或者断开焊枪开关
		示例	TORCHSW ON
28	VOLT	格式	VOLT=[电压]
		功能	设置焊接电压(V),数值设置范围为 0.1~99.9
		示例	VOLT=23
29	WAIT-ARC	格式	WAIT-ARC
		功能	停止机械组的操作,直到检测到起弧成功(检测焊接电流)
		示例	WAIT-ARC
30	WFED	格式	WFED [送丝速度]
		功能	设置送丝速度,焊丝供给速度(m/min)数值设置范围为 0.00~15.00
		示例	WFED 10.00
31	WIREFWD	格式	WIREFWD [ON/OFF]
		功能	启动或者结束焊丝正送(向前送丝)
		示例	WIREFWD ON
32	WIRERWD	格式	WIRERWD [ON/OFF]
		功能	启动或者结束焊丝逆送(向回抽丝)
		示例	WIRERWD ON

续表

33	WIRSLDN	格式	WIRSLDN　[数值]
		功能	调整慢送丝速度，增加数值将缩短起弧时间，减小数值将获得较高起弧成功率，微调整范围为-15~+15
		示例	WIRSLDN　+1
34	WLDCHK	格式	WLDCHK　[ON/OFF]
		功能	打开或者关闭焊接检测功能（检测异常焊接）
		示例	WLDCHK　OFF
35	WPLS	格式	WPLS　[ON/OFF]
		功能	设置是否使用脉冲控制，ON 为使用，OFF 为不使用
		示例	WPLS　ON

任务二　机器人焊接工艺

一、CO_2 气体保护电弧焊原理

焊接电源提供直流电（或脉冲），以母材为正极，焊丝为负极，焊丝作为焊接材料经送丝机构推送，通过送丝软管送到焊枪，并与导电嘴接触导电，在 CO_2 气体保护下与母材之间产生电弧，靠电弧热量进行焊接。由于焊丝既是电极又是焊接材料，因此 CO_2 气体保护焊也称为熔化极气体保护焊。

CO_2 气体保护焊是以 CO_2 气体作为电弧介质保护电弧和焊接区的一种电弧焊，其焊接区如图 5-1 所示。如果使用 80%Ar+20%CO_2（体积分数）的混合气作为保护气体进行焊接，即为 MAG 焊，其具有改善热影响区的韧性，提高焊缝的外观质量，使焊缝表面过渡光滑，利于焊缝成型等特点。从 CO_2/MAG 焊接原理可以看出，弧焊机器人（搭载弧焊电源）的关键是电弧。

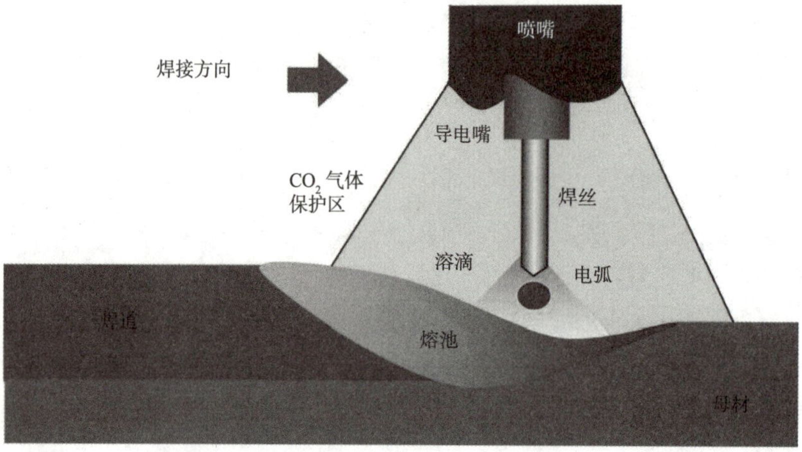

图 5-1　CO_2 气体保护焊焊接区

CO_2 气体保护焊的熔滴过渡形式如图 5-2 所示。

（一）短路过渡		小电流、低电压，熔滴长大受到空间限制而与母材短路，在表面张力及小桥爆破力作用下脱离焊丝
（二）滴状过渡		电弧长度较长，熔滴可自由长大，直至下落力大于表面张力时，脱离焊丝落入熔池
（三）细颗粒过渡	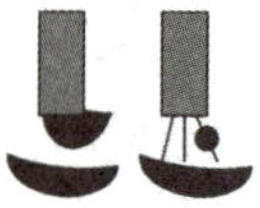	CO_2 焊时，电流超过一定值，过渡颗粒变小，飞溅小焊缝成型好
（四）射流过渡	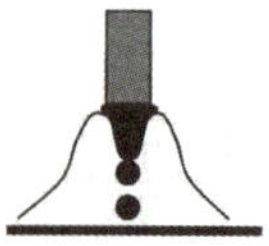	MAG 焊时，焊丝端部液态金属成铅笔尖状，细小熔滴从焊丝尖端一个接一个成轴线状向熔池过渡，焊接无飞溅

图 5-2　CO_2 气体保护焊的熔滴过渡形式

CO_2/MAG 焊接熔滴短路过渡的电弧波形如图 5-3 所示。

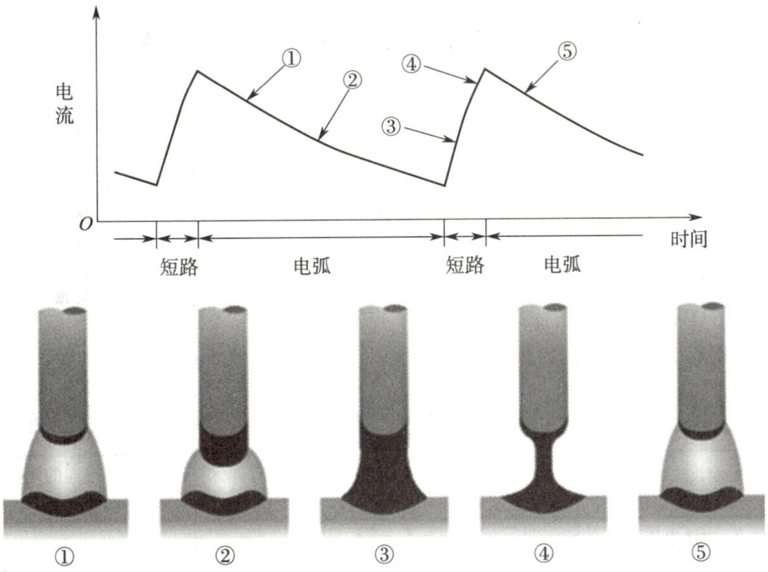

图 5-3　CO_2/MAG 焊接熔滴短路过渡的电弧波形

二、焊接质量管理的五要素

焊接质量管理的五要素包括人、机、料、法、环，即优秀的操作者、一流的焊接设备、合格的焊接材料、严密的焊接规范、良好的施焊环境。焊接质量管理五要素所包含的内容如图 5-4 所示。

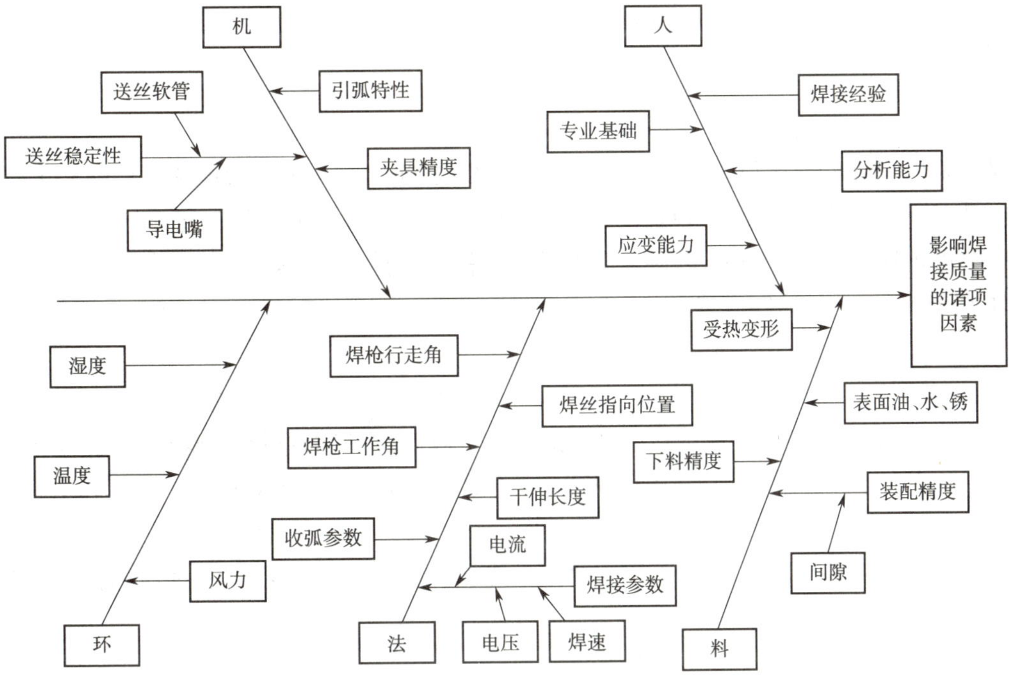

图 5-4　焊接质量管理五要素

三、CO_2/MAG 焊接的工艺参数

CO_2/MAG 焊接的主要工艺参数及对焊接的作用和影响具体如图 5-5 所示。

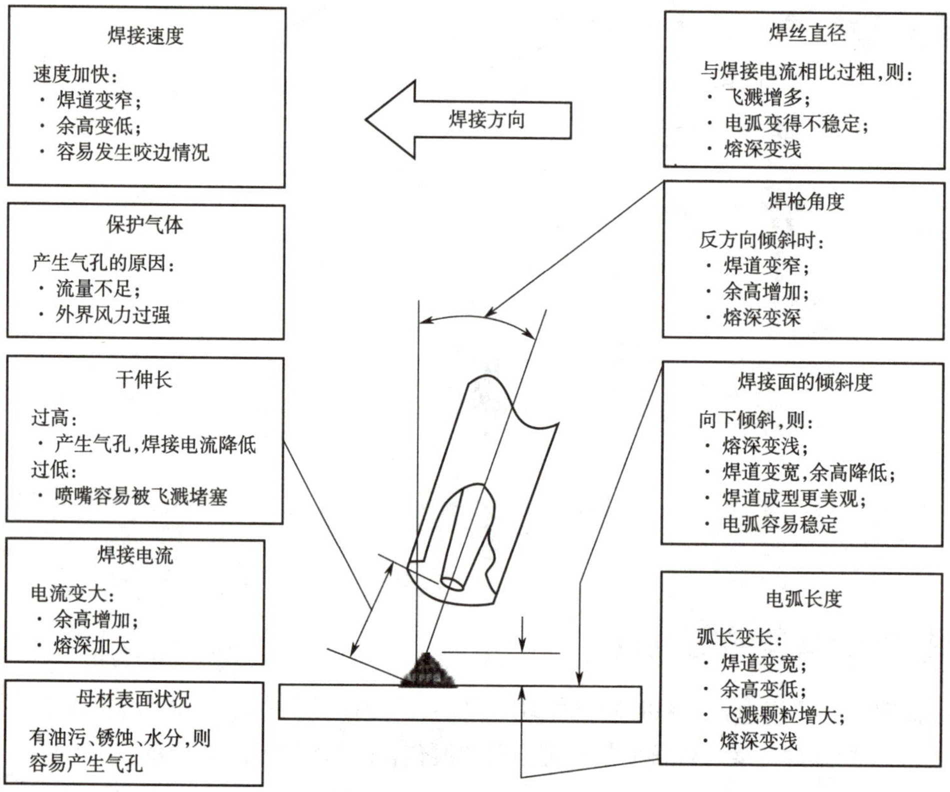
焊接速度
速度加快：
· 焊道变窄；
· 余高变低；
· 容易发生咬边情况
焊接方向
焊丝直径
与焊接电流相比过粗，则：
· 飞溅增多；
· 电弧变得不稳定；
· 熔深变浅
保护气体
产生气孔的原因：
· 流量不足；
· 外界风力过强
焊枪角度
反方向倾斜时：
· 焊道变窄；
· 余高增加；
· 熔深变深
干伸长
过高：
· 产生气孔，焊接电流降低
过低：
· 喷嘴容易被飞溅堵塞
焊接面的倾斜度
向下倾斜，则：
· 熔深变浅；
· 焊道变宽，余高降低；
· 焊道成型更美观；
· 电弧容易稳定
焊接电流
电流变大：
· 余高增加；
· 熔深加大
电弧长度
弧长变长：
· 焊道变宽；
· 余高变低；
· 飞溅颗粒增大；
· 熔深变浅
母材表面状况
有油污、锈蚀、水分，则
容易产生气孔

图 5-5　CO_2/MAG 焊接的工艺参数及对焊接的作用和影响

1. 焊接电流

根据焊接条件（板厚、焊接位置、焊接速度、材质等参数）选定相应的焊接电流。调整 CO_2 焊机的焊接电流实际上是在调整送丝速度，因此 CO_2 焊机的焊接电流必须与焊接电压相匹配，即一定要保证送丝速度与焊接电压对焊丝的熔化能力一致，以保证电弧长度的稳定。对于同一焊丝，电流越大，送丝速度应越快；电流不变时，焊丝越细，送丝速度应越快。

2. 焊接电压

焊接电压即电弧电压，用于提供焊接能量。焊接电压越高，焊接能量越大，焊丝熔化速度越快，焊接电流也就越大。焊接电压等于焊机的输出电压减去焊接回路的损耗电压，可表示为

$$U_{焊接}=U_{输出}-U_{损耗}$$

如果焊机安装符合安装要求，损耗电压主要指电缆加长所带来的电压损失，如需加长焊接电缆长度并相应调节焊机输出电压，可参考表 5-5。

表 5-5　输出电压耗损与电缆线长度对应值

电缆长度	焊接电流				
	100 A	200 A	300 A	400 A	500 A
10 m	约 1 V	约 1.5 V	约 1 V	约 1.5 V	约 2 V
15 m	约 1 V	约 2.5 V	约 2 V	约 2.5 V	约 3 V
20 m	约 1.5 V	约 3 V	约 2.5 V	约 3 V	约 4 V
25 m	约 2 V	约 4 V	约 3 V	约 4 V	约 5 V

根据焊接条件选定相应板厚的焊接电流，然后根据下列公式计算焊接电压。

当焊接电流<300 A 时：

焊接电压=(0.04× 焊接电流+16±1.5)V

当焊接电流>300 A 时：

焊接电压=(0.04× 焊接电流+20±2)V

例如，选定焊接电流为 200 A，则焊接电压计算如下：

焊接电压=(0.04×200+16±1.5)V=(8+16±1.5)V–(24±1.5)V

又如，选定焊接电流为 400 A，则焊接电压计算如下：

焊接电压=(0.04×400+20±2)V=(16+20±2)V=(36±2)V

3. 焊接速度

在焊接电压和焊接电流一定的情况下，焊接速度的选择决定着单位长度焊缝所吸收的热能量，即焊接线能量，可按下式计算：

$Q=IU/t$(J/mm)

式中　I——焊接电流(A)；

U——焊接电压(V)；

t——焊接速度(mm/s)。

半自动手工焊接的焊接速度一般为 30~60 cm/min。机器人焊接的焊接速度可超过 250 cm/min。若焊接速度过快，会造成焊道变窄，熔深和余高变小。

4. 干伸长

焊丝的干伸长(L)是指从导电嘴端部到工件的距离。

对于手工焊，当焊接电流小于 300 A 时，L=(10~15)倍焊丝直径；当焊接电流大于 300 A 时，L=(10~15)倍焊丝直径+5 mm。

例如，直径为 1.2 mm 的焊丝可用电流为 120~350 A，电流小时 L 取 10 倍的焊丝直径，电流大时 L 取 15 倍的焊丝直径。

对于机器人焊接，L=15 mm，示教的焊丝伸出长度为 12 mm，焊接过程中，保持焊丝的干伸长不变是保证焊接过程稳定的重要因素之一。

干伸长过大时，气体保护效果不好，易产生气孔，引弧性能差，电弧不稳，飞溅加大，熔深变浅，成型变坏。干伸过短时，看不清电弧喷嘴，易被飞溅物堵塞，飞溅大，熔深变深，焊丝易与导电嘴粘连。

三、影响焊接的其他因素

1. 接头形式和焊接位置

（1）接头形式：对接、搭接、角接、T 接等。

（2）焊接位置：水平焊、立焊、横焊、仰焊、垂直固定、水平固定等，如图 5-6 所示。

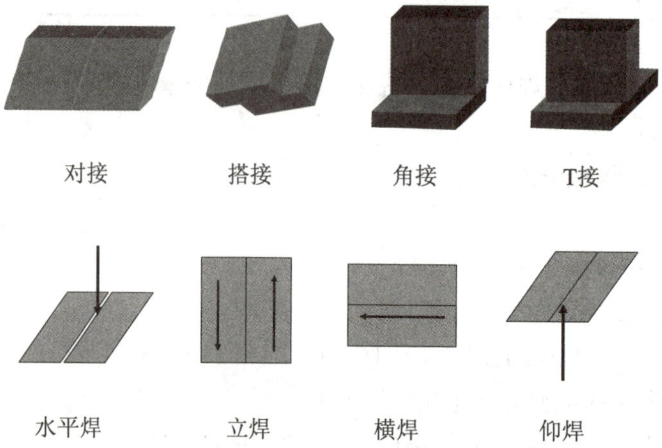

图 5-6　接头形式及焊接位置

2. 焊枪位置

焊枪的指向位置对焊缝成形的影响较大。

（1）焊接薄板时，原则上焊丝指向焊缝，如图 5-7 所示。

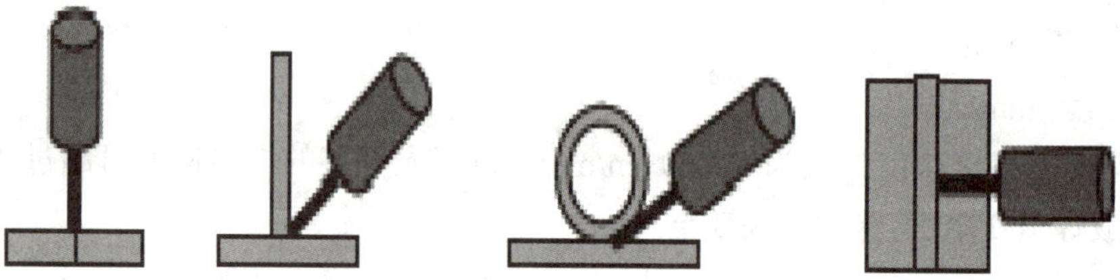

图 5-7　焊接薄板时焊丝指向

（2）板厚不同时，原则上焊丝指向较厚的板，如图 5-8 所示。

图 5-8　板厚不同时焊丝指向

（3）裙边焊接时，如果工件精度差或焊丝有弯曲倾向，虽然焊丝指向中心，但焊接仍然会偏向一侧，有可能烧穿工件。解决办法是减小焊丝的干伸长，降低电压和电流并加上摆动，或工件倾斜放置且向下焊接，如图 5-9 所示。

图 5-9 裙边焊接时焊丝指向

(4)有焊接间隙时,焊丝应该指向离焊枪较近的一块板,防止烧穿工件,如图 5-10 所示。

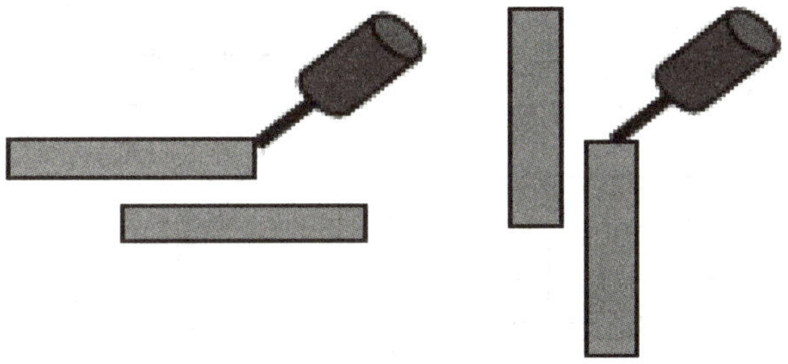

图 5-10 有焊接间隙时焊丝指向

3. 焊枪运行方向

焊枪运行方向(焊接方向)对焊道也有一定的影响,应根据工艺要求选择焊枪运动方向。焊枪运行方向对焊道的影响如图 5-11 所示。

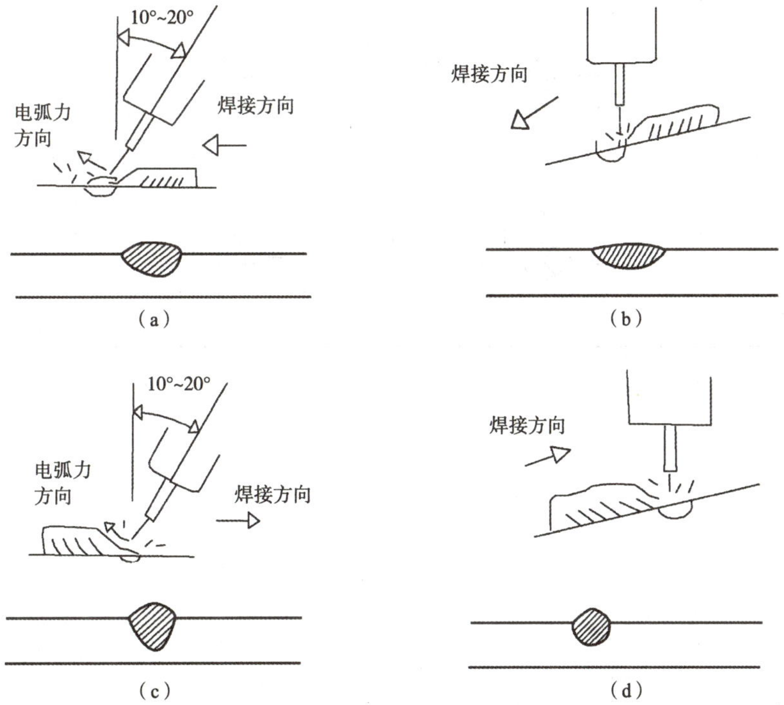

图 5-11 焊枪运行方向对焊道的影响

(a)前进法 (b)后退法 (c)下坡焊 (d)上坡焊

4. 焊枪角度

焊枪的角度与焊枪运行方向存在一定的关系。不同保护气体、焊枪前进角及焊接方向对焊道的影响见表 5-6。

表 5-6　焊枪角度对焊道的影响

指向位置	焊接方法		
	CO_2 焊接 （300 A，34 V）	MAG 焊接 （300 A，30 V）	脉冲 MAG 焊接 （300 A，28 V）
前进角45° 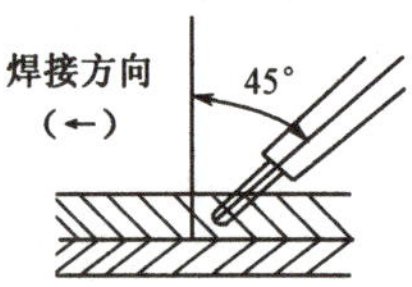	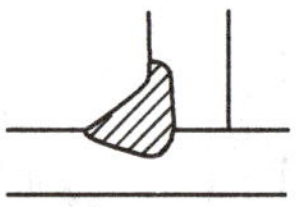	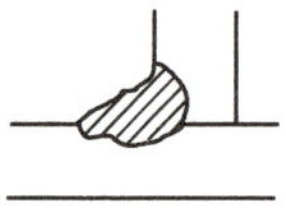	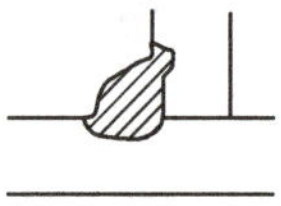
前进角20° 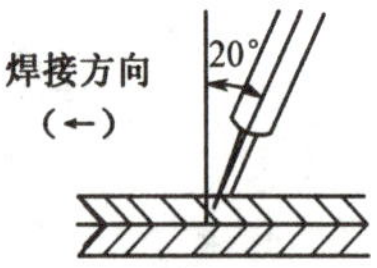	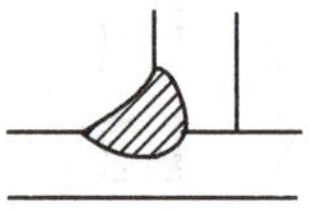	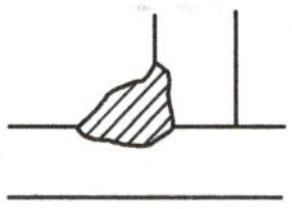	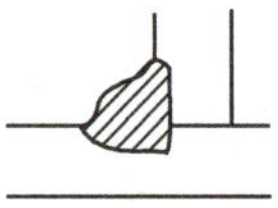
前进角0° 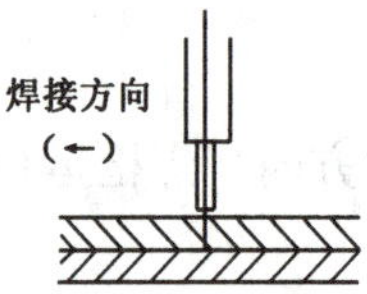	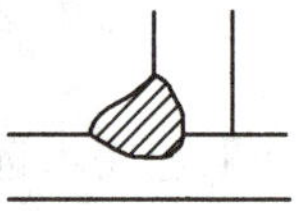	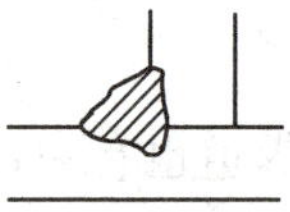	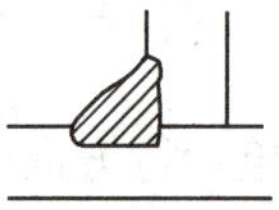
后退角20° 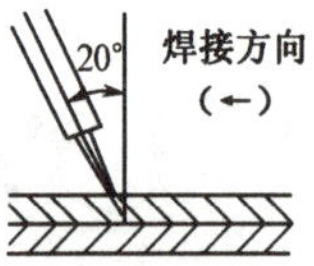	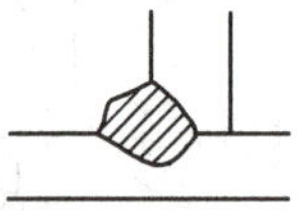	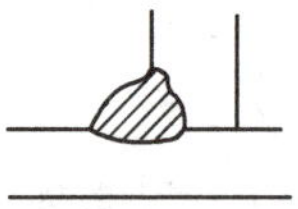	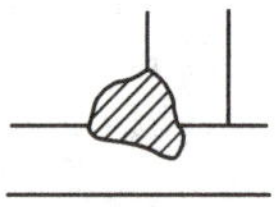
后退角45° 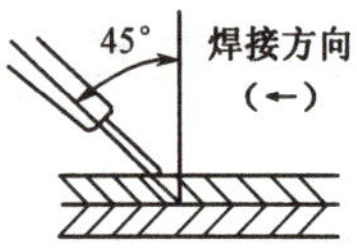	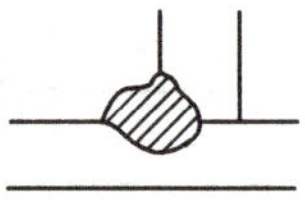	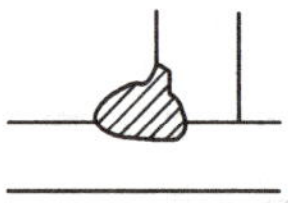	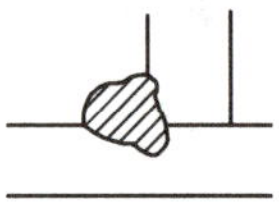

任务三　平板对接多层焊

1. 实训目的

掌握厚板 V 形坡口平板对接多层焊工艺，增强对机器人焊接工艺的学习和掌握。

2. 实训内容

利用焊接机器人直线摆动示教进行打底、填充和盖面焊。

3. 设备及工具、工件准备

设备及工具、工件准备明细见表 5-7。

表 5-7　设备及工具、工件准备明细

名称	型号与规格	单位	数量
弧焊机器人	臂伸长 1 400 mm	台	1
焊丝	ER50-6、ϕ1.2 mm	盒	1
混合气	80%（体积分数）Ar+20%（体积分数）CO_2	瓶	1
纱手套	自定	副	1
钢丝刷	自定	把	1
十字螺钉旋具	自定	个	1
尖嘴钳	自定	把	1
扳手	自定	把	1
钢直尺	自定	把	1
敲渣锤	自定	把	1
定位块	自定	个	2
角磨机	自定	台	1
焊缝测量尺	自定	把	1
粉笔	自定	根	1
劳保用品	面罩、工作服、工作鞋等	套	1
工件	Q235 钢，300 mm × 150 mm × 12 mm，对接 V 形坡口	块	2

4. 实训步骤

1）焊前准备

对接试件材料为 Q235 钢，尺寸为 300 mm × 200 mm × 12 mm（厚度），对接采用 V 形坡口，如图 5-12 所示。

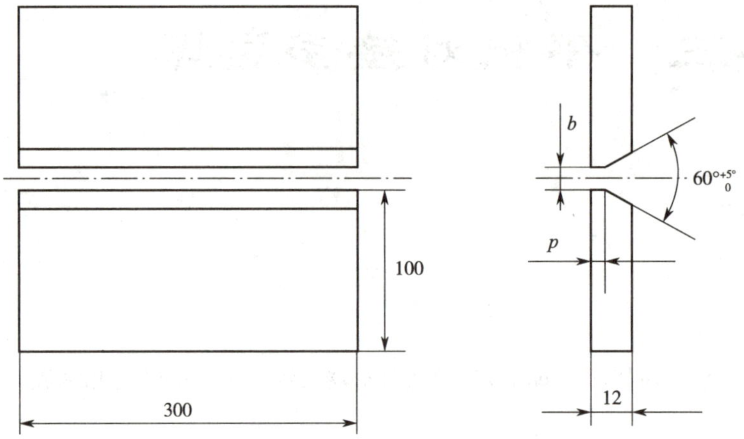

图 5-12　对接试件及坡口尺寸

学生以小组为单位，利用焊接机器人直线摆动示教模式进行打底、填充和盖面焊的程序编辑并施焊。钢板在焊接过程中会发生变形，故分打底、填充、盖面进行三次示教和三次焊接。焊接质量要求如下：

（1）水平位单面焊双面成型；

（2）根部间隙 b=3~4 mm，钝边厚度 p=1~1.5 mm，坡口角度 $\alpha=60^{\circ}{}^{+5^{\circ}}_{0}$，焊后变形量≤3°；

（3）焊缝表面平整、无缺陷；

（4）三层三道，横向摆动，焊道分布如图 5-13 所示。

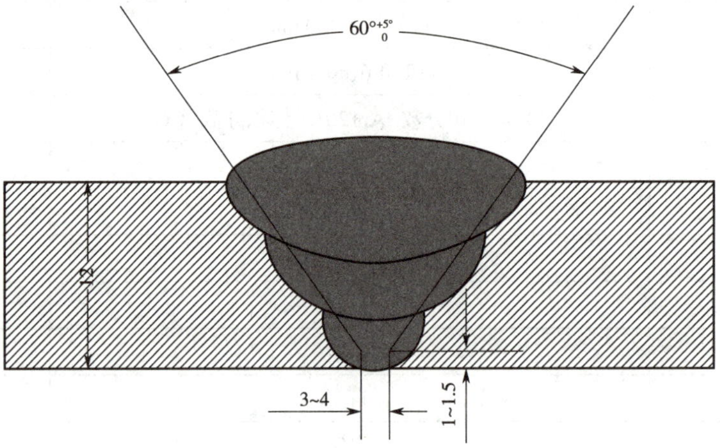

图 5-13　焊道分布示意

2 ）工件点固

（1）装配间隙：起始间隙约为 3 mm，收尾间隙控制约为 4 mm，错边量≤0.5 mm。

（2）装配定位：焊接在焊件的两端 15 mm 范围内，在试件坡口内定位焊。V 形坡口对接平焊装配如图 5-14 所示。

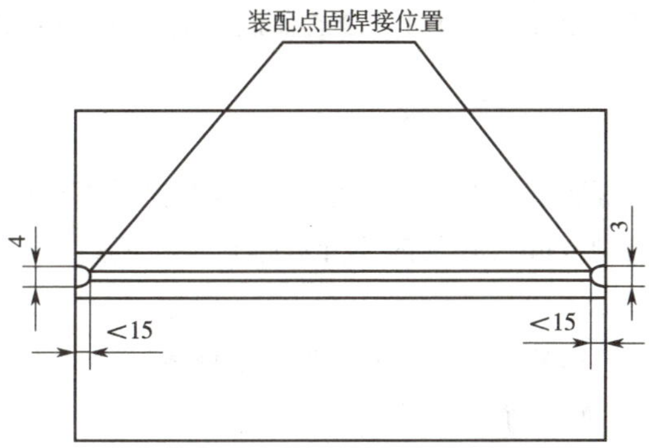

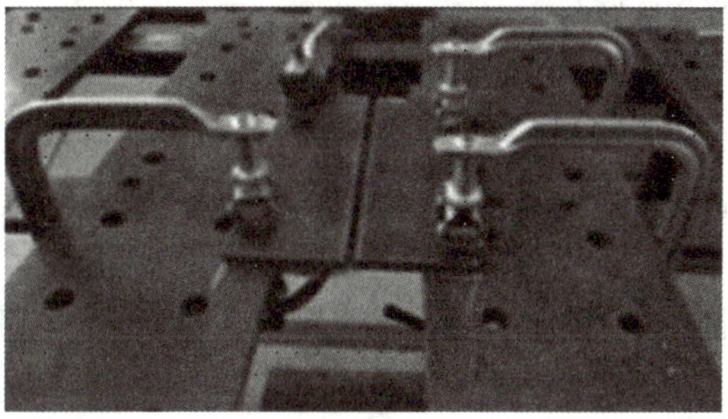

图 5-14　V 形坡口对接平焊装配示意

（3）定位焊点的长度为 15~20 mm，定位焊后预置反变形量为 3°，如图 5-15 所示

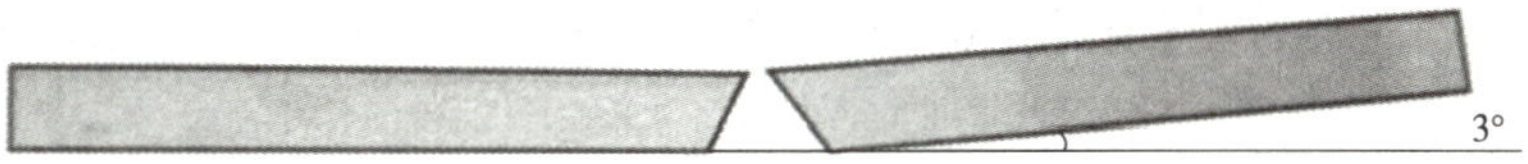

图 5-15　反变形预置夹角

3）焊接参数设置

采用左向焊法，焊接层次为三层三道，焊枪角度为 10°~20°，焊枪摆动姿态如图 5-16 所示。平板对接多层焊的焊接参数见表 5-8。

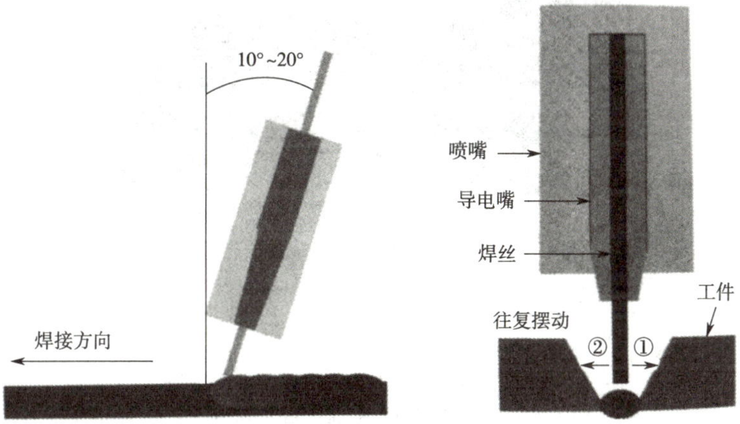

图 5-16　焊枪角度及摆动姿态

表 5-8　平板对接多层焊的焊接参数

焊道层次	焊接电流	焊接电压	焊接速度	气体流量	摆幅点两端停留时间	摆动频率
打底层	80~120 A	17~20 V	0.2~0.3 mm/min	12~15 L/min	0.3~0.4 s	0.5~0.7 Hz
填充层	120~150 A	19~22 V	0.2~0.35 mm/min	12~15 L/min	0.1~0.2 s	0.6~0.8 Hz
盖面层	120~140 A	19~23 V	0.2~0.35 mm/min	12~15 L/min	0.2~0.3 s	0.6~0.8 Hz

4）示教编程

Ⅰ. 打底焊

起弧时，将试件始焊端放于右侧，然后开始引弧打底焊接。注意控制摆动幅度和焊接速度，获得宽窄和高低均匀的背面，防止烧穿试件。

直线摆动示教采用锯齿形摆动方式。

控制电弧在坡口两侧的停留时间，打底层为 0.3~0.4 s，填充层为 0.1~0.2 s，盖面层为 0.2~0.3 s，以保证坡口两侧熔合良好。

Ⅱ. 填充层

调试填充层焊接工艺参数，焊枪的摆动幅度应大于打底层焊缝宽度。注意熔池两侧的熔合情况，保证焊道表面平整并稍下凹，填充层高度应低于母材表面 1.5~2.0 mm，焊接时不允许熔化坡口棱边。

Ⅲ. 盖面层

盖面时，注意保持喷嘴高度，焊接熔池边缘应超过坡口棱边 0.5~2.5 mm，并防止咬边。

焊枪的横向摆动幅度比填充层的大，尽量保持焊接速度均匀。

收弧，时要填满弧坑，应控制收弧弧长待熔池凝固后方能移开焊枪，以免产生弧坑裂纹和气孔。

5）焊接质量外观检查

（1）焊缝边缘直线度≤2 mm；焊道宽度比坡口每侧增宽 0.5~2.5 mm，宽度差≤3 mm。

（2）焊缝与母材圆滑过渡；焊缝余高为 0~3 mm，余高差≤2 mm；背面凹坑≤2 mm，长度不得超过焊缝长度的 10%。

（3）焊缝表面不得有裂缝、未融合、夹渣、焊瘤等缺陷。

（4）焊缝边缘咬边深度≤0.5 mm，焊缝两侧咬边总长度不得超过焊缝长度的 10%。

（5）焊件表面非焊道上不应有起弧痕迹，试件变形量<3°，错边量≤1.2 mm，如图 5-17 所示。

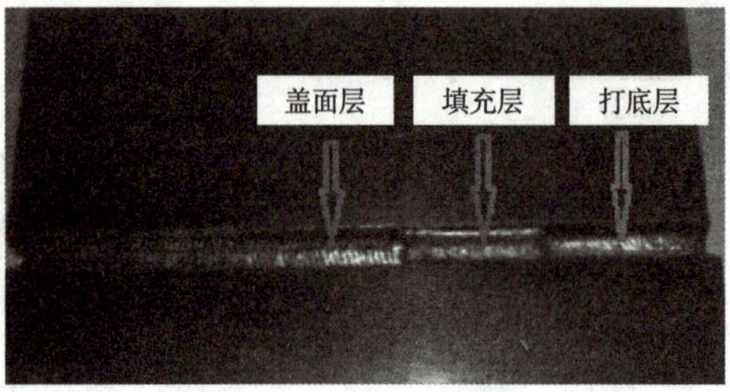

图 5-17　焊接成型示例

5. 实训报告

表 5-9　实训报告

实训名称	机器人平板对接多层焊		
小组成员			
指导教师		学生姓名	
实训时间		实训地点	
实训内容与目标			
采用实训设备焊接机器人进行平板对接多层焊			
考核项目	熟练运用直线摆动命令进行编程		
	正确设定焊接参数并实施焊接		
实训准备			
主要设备	辅助工具	学习资料	
焊接机器人			
备注			

续表

具体分工			
计划用时/min		实际用时/min	
备注			
1. 简述机器人平板对接多层焊的工作流程			
2. 简述焊接工艺要求及参数设置			
3. 简述收获与体会			

任务四　骑坐式管-板船形焊

船形焊是一种以焊接位置命名的焊接方法，指把焊缝置于像船一样的位置进行焊接，即将平角焊通过变位机向上转动 45°。使用船形焊可保证焊脚尺寸均匀，提高生产率，弥补自动焊只能平焊或角平焊的缺陷。一般来说，实现环形焊需要 9 个示教点，而本任务中接焊缝轨迹运动是由外部设备变位机旋转实现的。

1. 实训目的

通过骑坐式管-板船形焊，练习圆弧、弧摆的示教及施焊，模拟实际工作站的生产场景，熟练使用变位机。

2. 实训内容

通过完成骑坐式管-板船形焊示教和程序编辑，熟悉外部轴选择和设置，配合机器人本体完成协同作业，并完成管-板对接实训。

3. 设备及工具、工件准备

设备及工具、工件准备明细见表 5-10。

表 5-10　设备及工具、工件准备明细

名称	型号与规格	单位	数量
弧焊机器人	臂伸长 1 400 mm	台	1
焊丝	ER50-6、ϕ1.2 mm	盒	1
混合气	80%（体积分数）Ar+20%（体积分数）CO_2	瓶	1
纱手套	自定	副	1
钢丝刷	自定	把	1
十字螺钉旋具	自定	个	1
尖嘴钳	自定	把	1
扳手	自定	把	1
钢直尺	自定	把	1
敲渣锤	自定	把	1
定位块	自定	个	2
角磨机	自定	台	1
焊缝测量尺	自定	把	1
粉笔	自定	根	1
劳保用品	面罩、工作服、工作鞋等	套	1
工件	Q235 钢，板 200 mm × 200 mm × 6 mm， 管ϕ56 mm × 3 mm（厚）× 50 mm（高）	套	2

4. 实训步骤

1)示教前准备

(1)工件表面清理:将待焊工件表面清理干净,不能有铁锈、油污等杂质。

(2)工件装配与点固:选择合适的工艺参数,使用焊条电弧焊设备对待焊试板进行定位焊。

(3)工件装夹:利用夹具将试管、试板固定在机器人工作台上。

(4)机器人原点确认:通过运行控制器内已有的原点程序,使机器人回到待机位置。

2)轨迹示教

Ⅰ. 新建程序

新建一个作业程序,输入程序名“Externalaxis”(外部轴)。

Ⅱ. 轨迹示教

图 5-18 所示为骑坐式管-板船形焊示意图,要完成该作业,需要给机器人输入一段环形焊缝附加变位机动作的作业程序,此程序包括由编号为 1~9 的 9 个示教点构成轨迹的语句。在 9 个系数点中,处于待机位置的示教点 1 和 9 要位于与工件、夹具不干涉的位置,示教点 7 与示教点 8 之间的运动轨迹也不能与工件、夹具产生干涉。

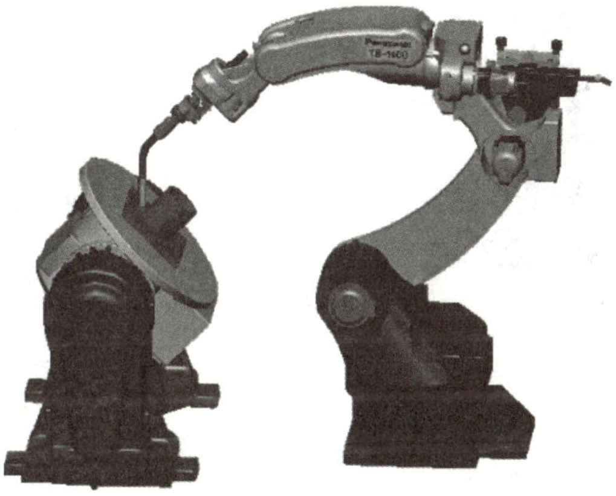

图 5-18　骑坐式管-板船形焊示意图

具体的示教点名称和变位机位置见表 5-11。

表 5-11　示教点名称和变位机位置

示教点	名称	变位机位置
1	机器人原点	原点
2	焊接临近点	第一轴旋转 45°
3	焊接/圆弧开始点	保持位置
4	焊接/圆弧中间点	第二轴旋转 45°
5	焊接/圆弧中间点	第二轴旋转 45°
6	焊接/圆弧中间点	第二轴旋转 45°
7	焊接/圆弧结束点	第二轴旋转 45°
8	规避点	保持位置
9	机器人原点	原点

机器人焊接轨迹如图 5-19 至图 5-23 所示。

图 5-19　示教点①——机器人原点

图 5-20　示教点②——焊接临近点

图 5-21　示教点③④⑤⑥⑦——圆弧（焊接开始点、中间点、结束点）

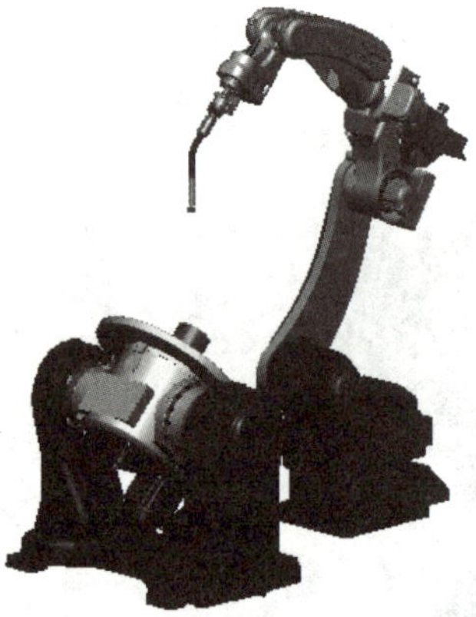

图 5-22　示教点⑧——规避点

图 5-23　示教点⑨——机器人原点

3）焊接参数

根据表 5-12 所给工艺参数，完成骑坐式管-板垂直俯位机器人焊接作业条件的输入。

表 5-12　焊接参数

焊接电流	焊接电压	焊接速度	保护气流量
150~170 A	20.1~21.3 V	0.45~0.50 m/min	15~20 L/min

5. 实训报告

完成表 5-13 所示的实训报告。

表 5-13　实训报告

实训名称	机器人管-板船形焊		
小组成员			
指导教师		学生姓名	
实训时间		实训地点	
实训内容与目标			

续表

<table>
<tr><td colspan="4">采用实训设备焊接机器人和变位机配合完成管-板船形焊</td></tr>
<tr><td rowspan="2">考核项目</td><td colspan="3">掌握变位机的调试和圆弧示教编程</td></tr>
<tr><td colspan="3">正确设定焊接参数并实施焊接</td></tr>
<tr><td colspan="4">实训准备</td></tr>
<tr><td>主要设备</td><td>辅助工具</td><td colspan="2">学习资料</td></tr>
<tr><td>焊接机器人</td><td></td><td colspan="2"></td></tr>
<tr><td>备注</td><td colspan="3"></td></tr>
<tr><td>具体分工</td><td colspan="3"></td></tr>
<tr><td>计划用时/min</td><td></td><td>实际用时/min</td><td></td></tr>
<tr><td>备注</td><td colspan="3"></td></tr>
<tr><td colspan="4">1. 简述机器人管-板船形焊的工作流程</td></tr>
<tr><td colspan="4">2. 简述焊接工艺要求及参数设置</td></tr>
<tr><td colspan="4">3. 简述收获与体会</td></tr>
</table>

任务五　离线编程案例

本任务案例采用 DTPS 离线编程系统，实现简易焊接机器人工作站的离线编程。

一、构建机器人虚拟工作站

1. 任务内容

采用 Panasonic 公司的桌面编辑系统（Desktop Programming System，DTPS）离线编程构件构建 TA1400 弧焊机器人的虚拟工作站，为完成平板堆焊的虚拟示教编程做前期准备。

2. 机器人虚拟工作站

机器人虚拟工作站由弧焊机器人（包括机器人本体、焊枪、送丝机构、焊丝盘支架、机器人控制柜、示教器、设备间电缆、电源和接口）、机器人底座、工作台、工件夹具、围栏和安全防护等部分组成。

1）启动 DTPS 软件

在“开始”菜单点击“PC Tool”，或直接双击“PC Tool”快捷方式打开 DTPS 软件。打开的 Panasonic PC Tool for Robot 界面，如图 5-24 所示。

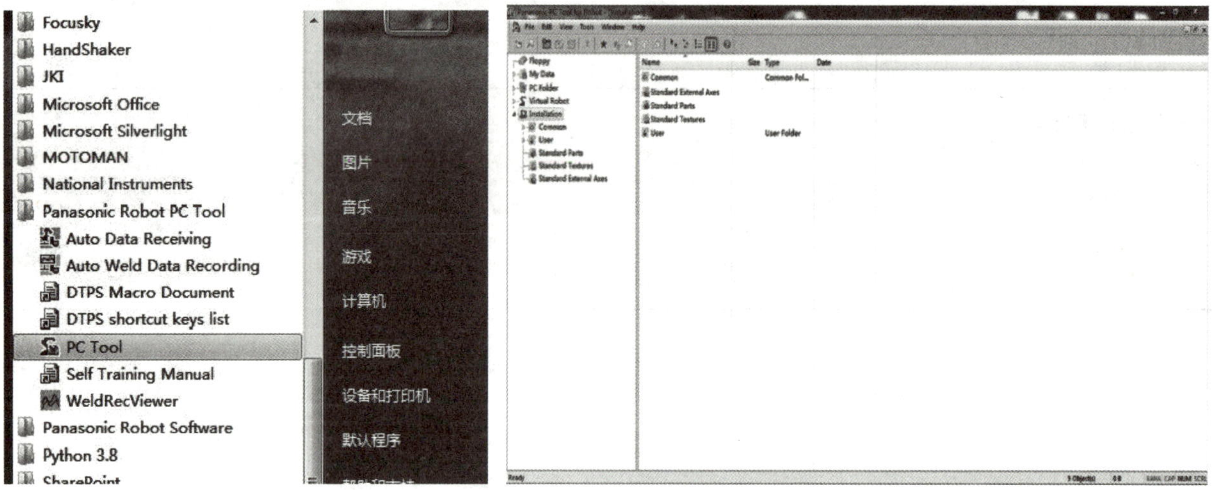

图 5-24　启动 DTPS 软件

2）创建设备链接

用鼠标右键点击左侧目录的“Installation”，点击快捷菜单的“Add Installation link”（添加设备链接），如图 5-25 所示；弹出“Register the Installation Link”（注册设备链接）窗口，如图 5-26 所示。

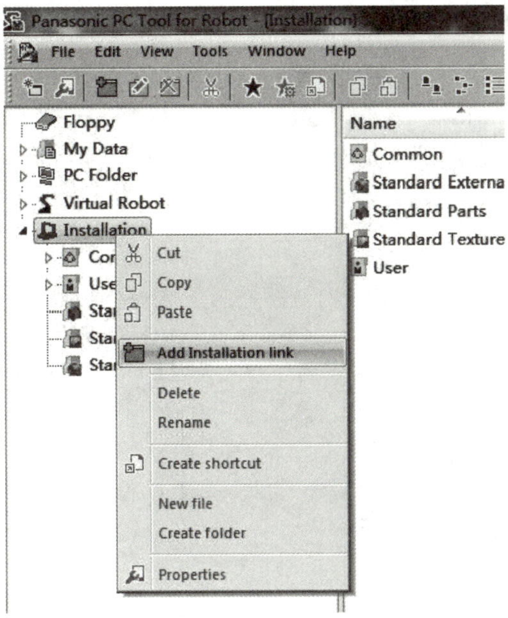

图 5-25　添加设备链接

图 5-26　注册设备链接窗口

在注册设备链接窗口 “Register the Installation Link” 中依次输入设备名称 “机器人平板堆焊”，路径 “E:\设备链接\”，并选中 “New” 复选框，最后点击 “OK” 保存设备链接信息。新设备链接 “机器人平板堆焊” 创建完成，如图 5-27 所示。

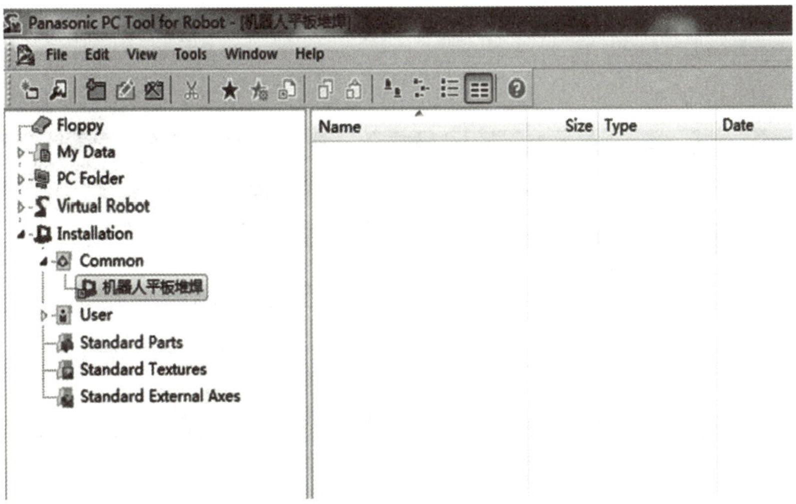

图 5-27　新设备链接创建完成

3)添加设备名称

为设备链接 “机器人平板堆焊” 创建一个新设备 “机器人平板堆焊”。如图 5-28 所示，右键点击左侧目录 “机器人平板堆焊”，点击快捷菜单的 “Add Installation”（添加设备），弹出 “Add Installation” 窗口，如图 5-29 所示。

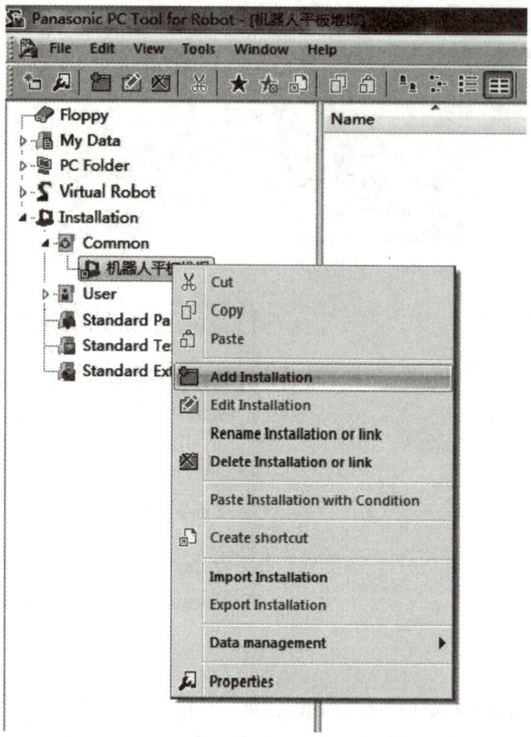

图 5-28 创建一个新设备

在添加设备“Add Installation”窗口中输入设备名称“机器人平板堆焊”，选中“New”单选框，并设定机器人控制器类型为“G2 Controller”和机器人数量“1”，最后点击“OK”按钮。新设备“机器人平板堆焊”添加完成，如图 5-30 所示。

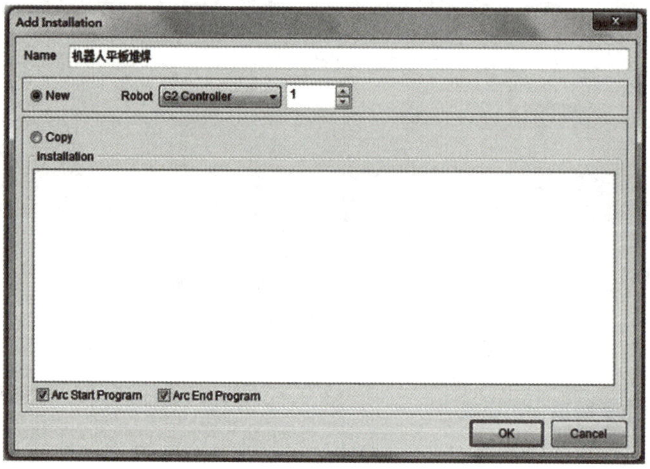

图 5-29 添加设备窗口

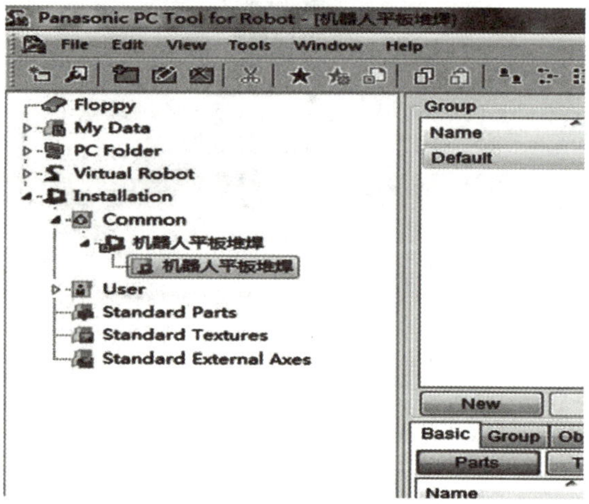

图 5-30 新设备添加完成

4）打开设备编辑窗口

右键点击左侧目录中的“机器人平板堆焊”设备，点击快捷菜单中的“Properties”（属性），如图 5-31 所示；弹出设备“Properties”窗口，如图 5-32 所示；在其中点击“Installation Editor”（设备编辑器），可进入设备编辑窗口；同时 Windows 系统的任务栏中多出另一个机器人图标。

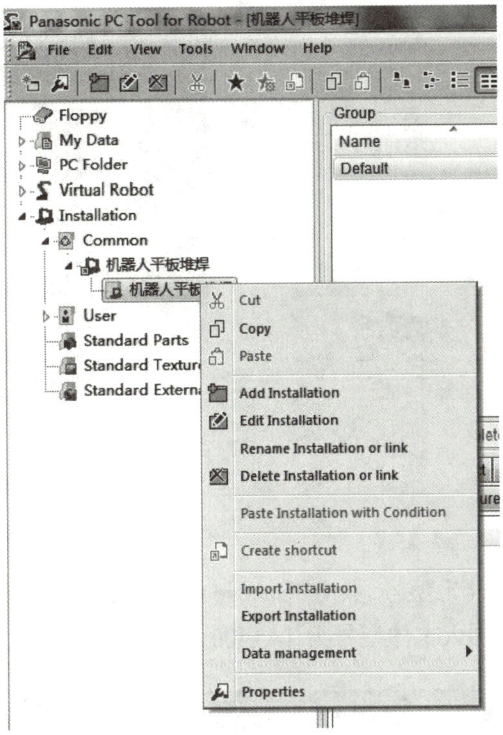

图 5-31　打开设备属性窗口

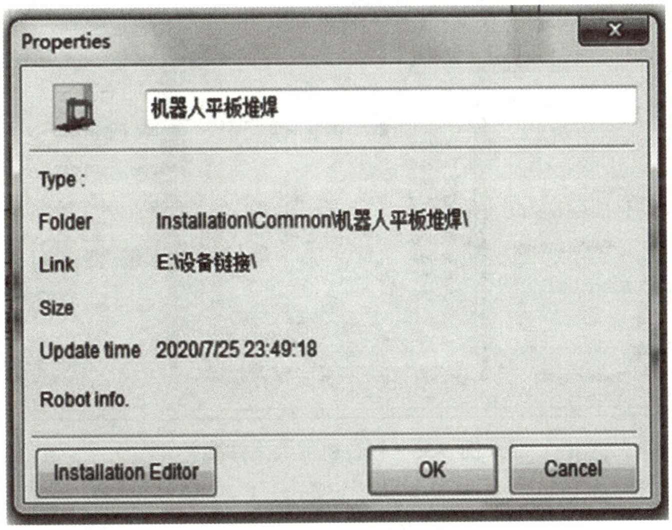

图 5-32　设备属性窗口

5)添加机器人本体

选择“Composition Bar”(工具栏)中的“Robot”选项卡，右键点击“R001-ROBOT”，再点击快捷菜单中的“Properties”如图 5-33 所示；弹出“Robot information”(机器人信息)窗口，如图 5-34 所示。

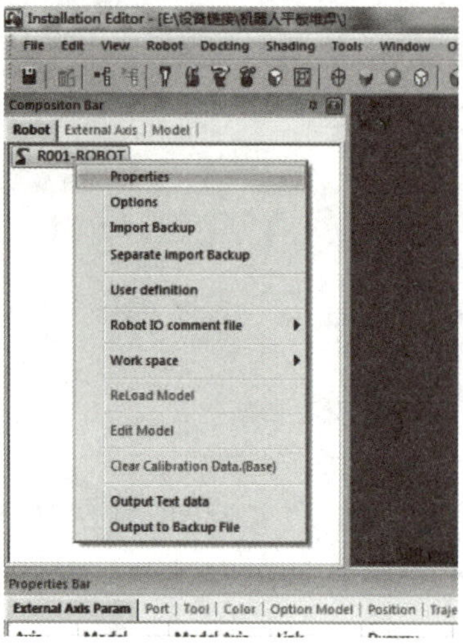

图 5-33　添加机器人本体

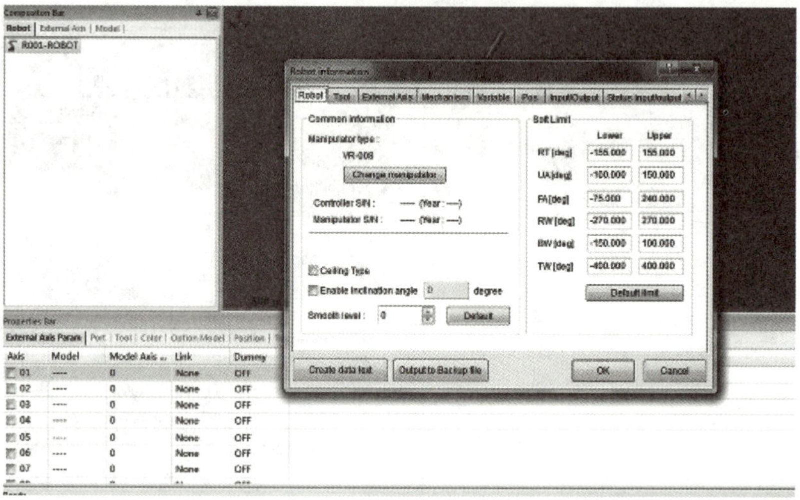

图 5-34　添加机器人型号

在机器人信息窗口中添加机器人型号，点击“Change manipulator”（更改操作者），在弹出的“Select Manipulator”（选择操作者），修改机器人本体型号为 TA1400，最后点击“OK”完成修改，如图 5-35 所示。

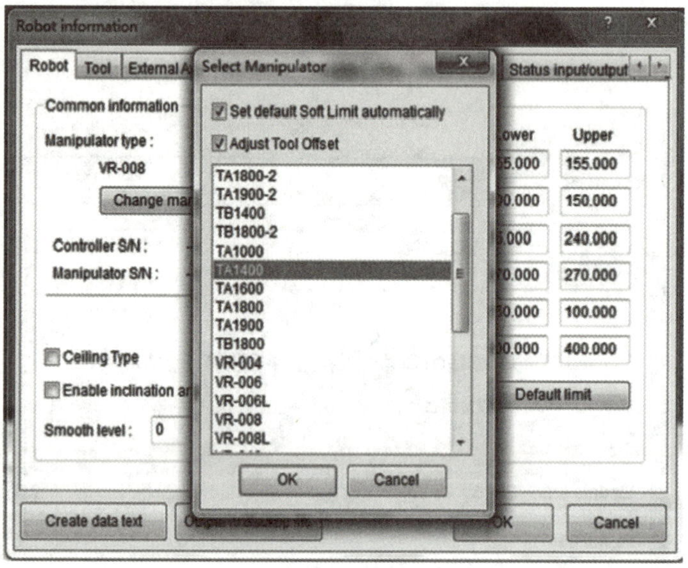

图 5-35　修改机器人本体型号

6 ）添加焊枪

选择属性编辑区的“TOOL”标签，如图 5-36 所示；双击其中编号为“1”的工具明细，在弹出的数模选择“Open the tool model”窗口中选择焊枪型号“Torch TA350 A Long”，如图 5-37 所示。

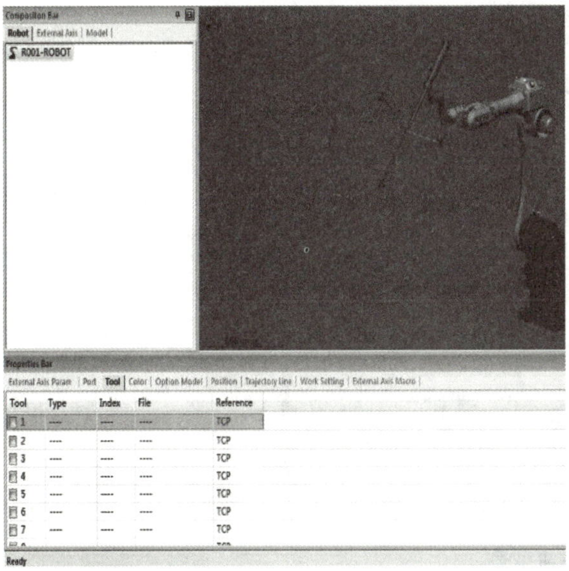

图 5-36　"TOOL"标签

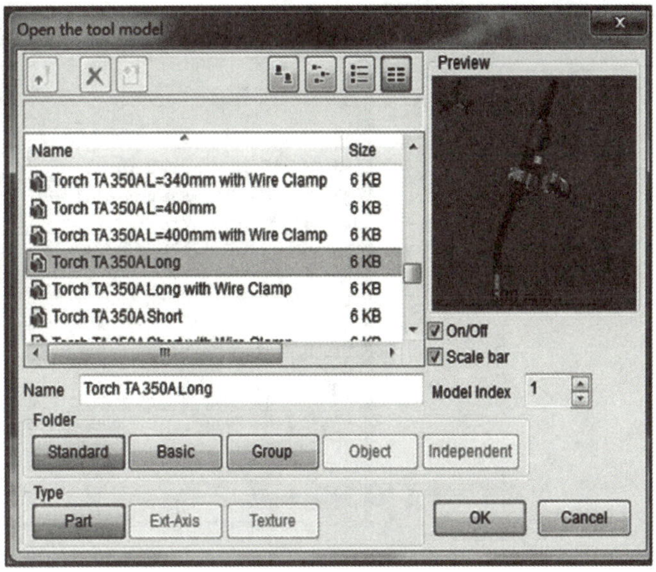

图 5-37　选择焊枪型号

7)添加送丝机

选择"Properties Bar"属性编辑栏中的"Option Model"(可选模式)标签,如图 5-38 所示;双击其中的"FA"轴行(送丝机安装在机器人的 FA 轴),在弹出的"Open the robot option model"窗口选择送丝机型号"FEEDER-WG(TA-1000 and 1400)",如图 5-39 所示。

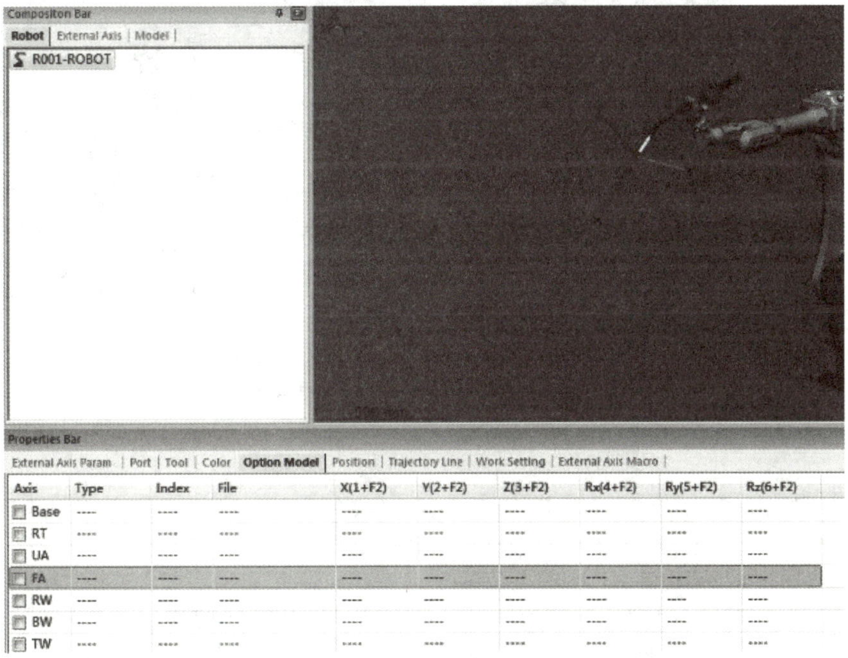

图 5-38　"Optim Model"标签

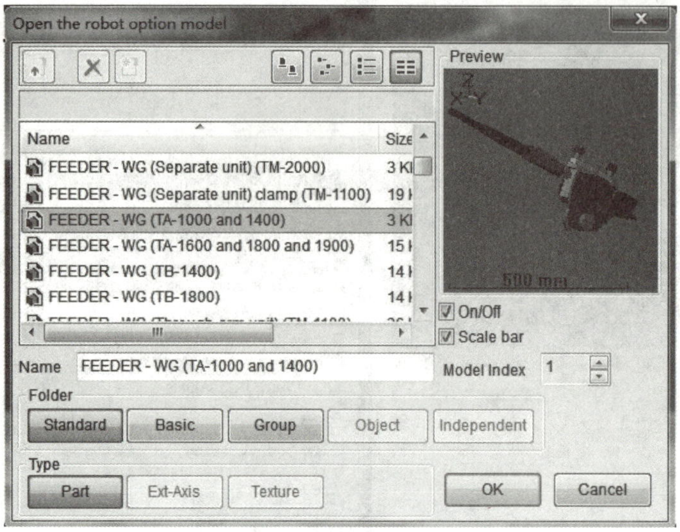

图 5-39　选择送丝机型号

8)添加控制器

选择工具栏左上部的“Model”选项卡,点击“Add Model”(添加模型),弹出“Open the project model”(打开项目模型)窗口,在其中选择“Controller G3”,添加控制器,如图 5-40 所示。

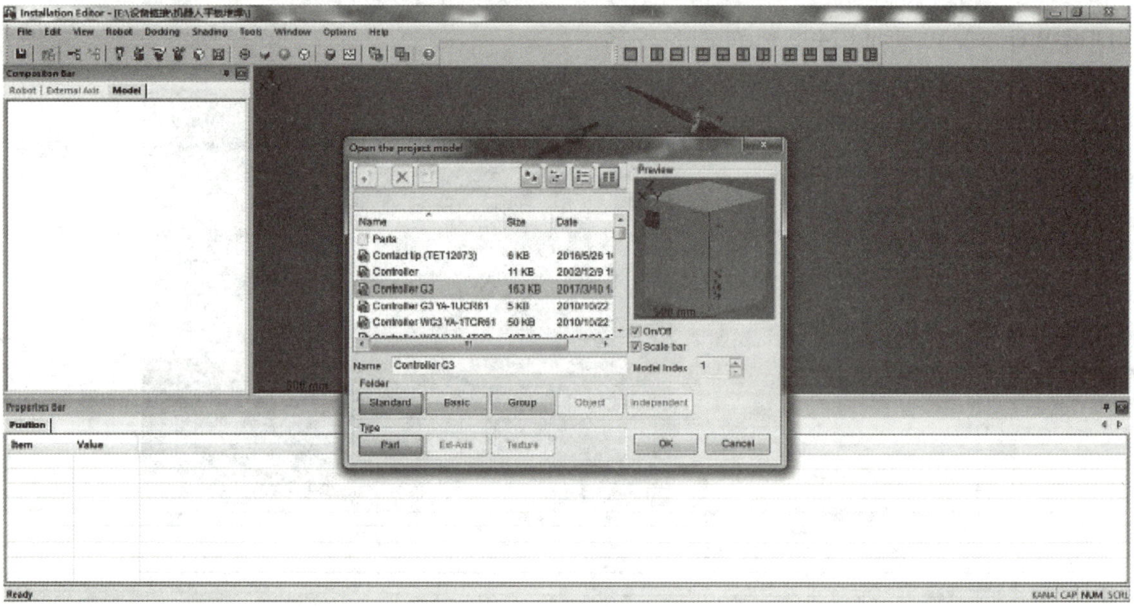

图 5-40　添加控制器

调整控制器位置,选择工具栏的“Model”标签,选中“Controller G3.g2p”,对应模型呈红色显示且窗口下部的属性编辑区呈现模型可修改的属性(Position),修改位置坐标可改变控制器位置,如图 5-41 所示。

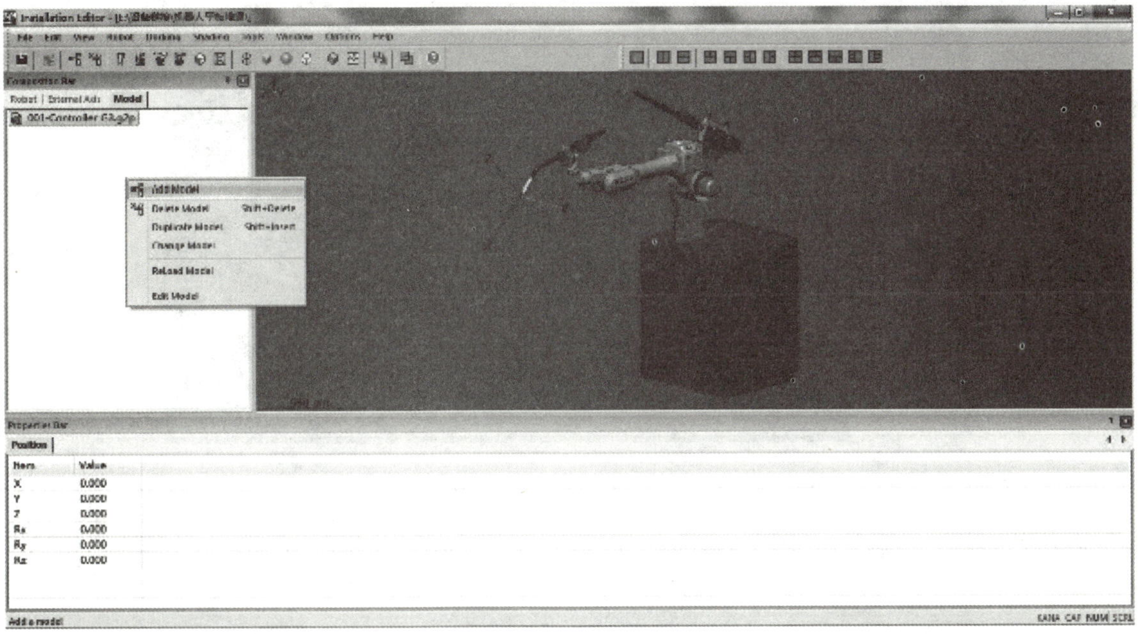

图 5-41　调整控制器位置

至此，就完成一个设备链接“机器人工作站”的创建，设备型号依次为机器人本体型号 TA1400、焊枪型号 Torch TA350A Long、送丝机型号 FEEDER-WG TA-1000 and 1400。

3. 创建工作台

使用软件中的简单 CAD 功能，可以创建工作台和简易工作模型。

1）创建桌面

点击“Base”（基本库）下的“Parts”（部件），点击“New”（新建），弹出部件编辑窗口，如图 5-42 所示。

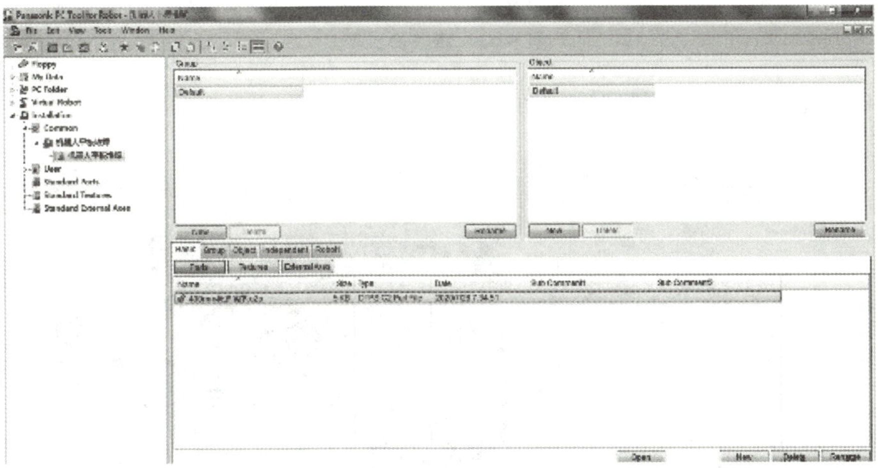

图 5-42　部件编辑窗口

在部件编辑窗口中，点击“Standard parts”（标准件）；选择“Plate”（板类），点击“Edit”，选择颜色；点击进入，编辑桌面尺寸为长 1 000 mm、宽 800 mm、厚 20 mm，如图 5-43 所示。

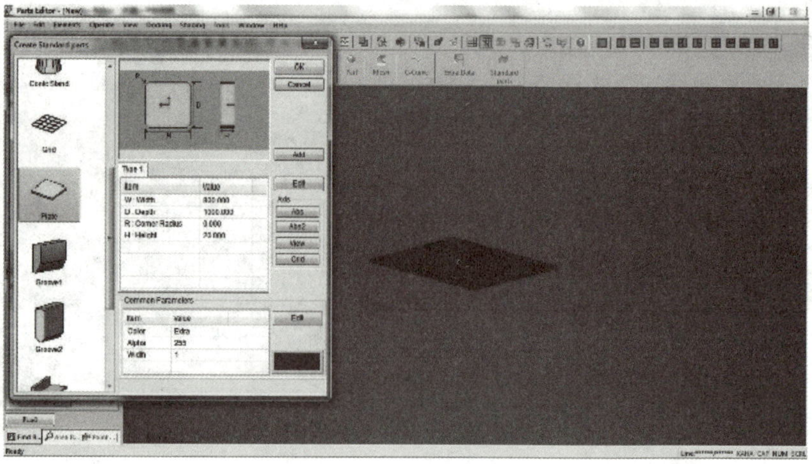

图 5-43　编辑桌面尺寸

在弹出的“Colors”(颜色)窗口中,选择颜色,点击“OK”,修改桌面颜色,如图 5-44 所示。

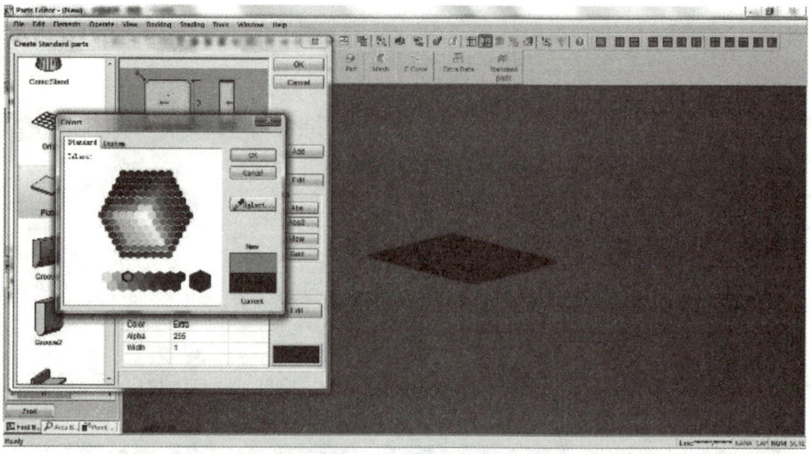

图 5-44　修改桌面颜色

至此,工作台桌面创建完成,如图 5-45 所示。

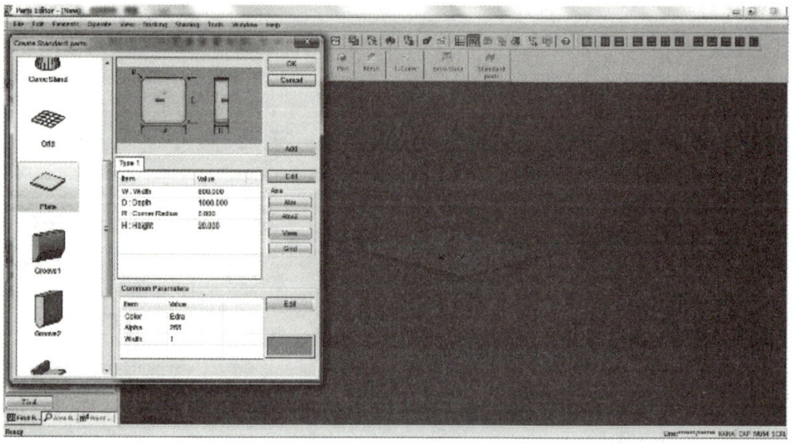

图 5-45　工作台桌面创建完成

2)添加桌腿

点击“Cylinder Pipe”(圆柱),添加工作台支撑(一个桌子腿),如图 5-46 所示,编辑桌腿管壁厚度 T=10 mm,半径 R=30 mm,高度 H=630 mm。

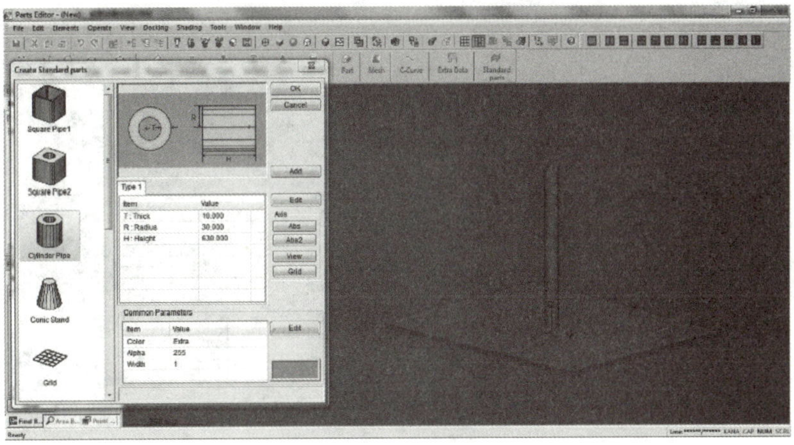

图 5-46 添加工作台支撑

移动部件位置：如图 5-47 所示，右键点击支撑腿部件在左边列表中的行目，选择“Transfer”（平移），进入“移动部件位置”窗口，即可移动部件。

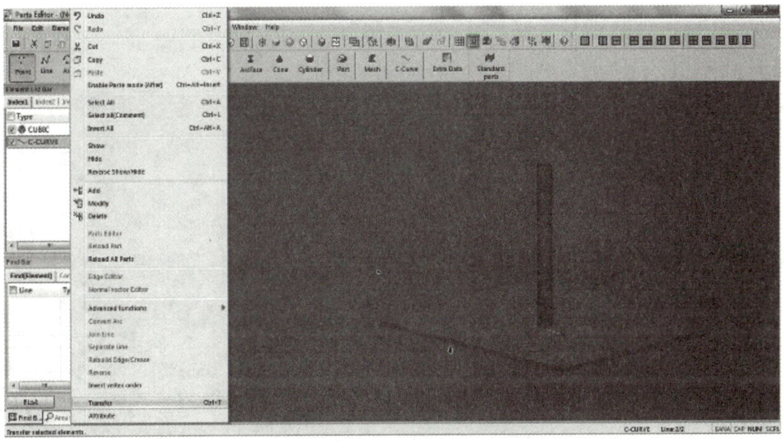

图 5-47 移动部件位置

移动支撑腿位置：如图 5-48 所示，在“Shift（mm）”项目中，将双击 X 栏将值改为“250.000”，双击 Y 栏将值改为“350.000”，点击“OK”，即可移动部件（支撑腿）位置。

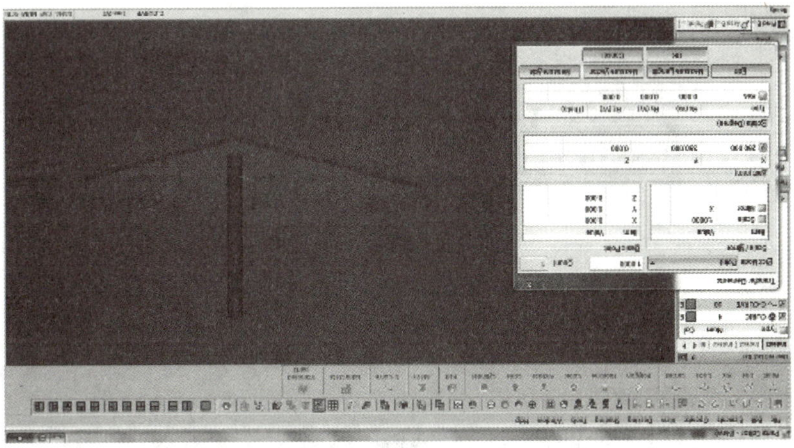

图 5-48 移动支撑腿位置

复制桌腿：如图 5-49 所示，右键点击上步所移动的支撑腿在左边列表中的行目，单击“Copy”（复制），即可复制该支撑腿。

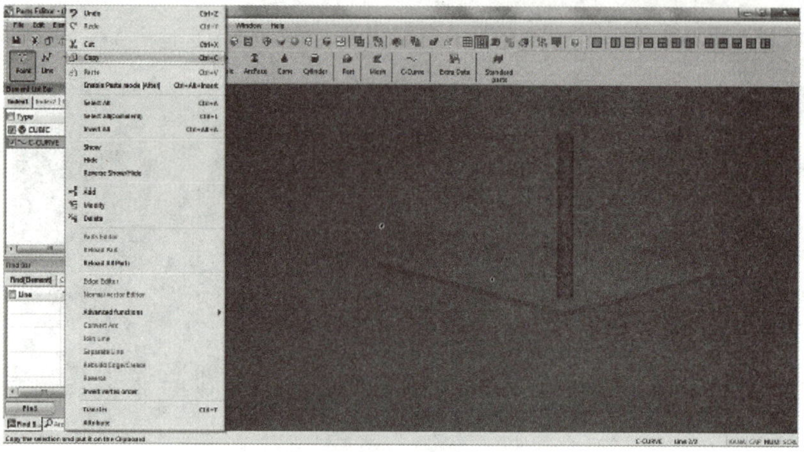

图 5-49 复制支撑腿

粘贴支撑腿：如图 5-50 所示，用右键点击空白区域右键点击后，点击快捷菜单中的“Paste”（粘贴）即可粘贴该支撑腿。

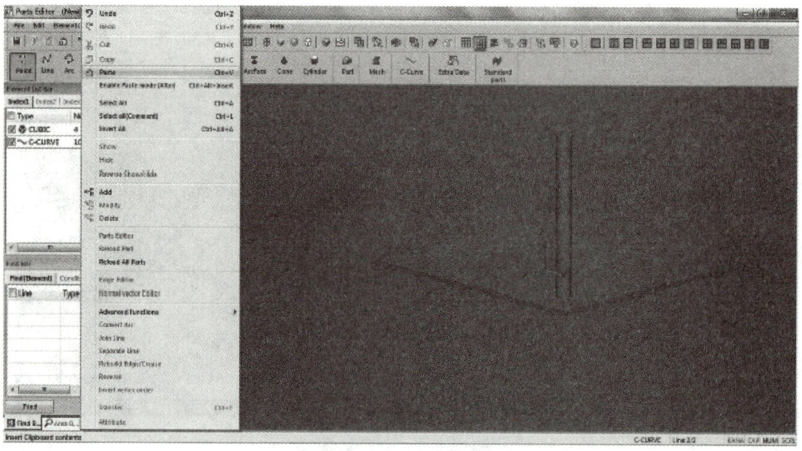

图 5-50 粘贴支撑腿

镜像调整支撑腿位置：如图 5-51 所示，点击“Paste”（粘贴）后，弹出粘贴窗口，在“Scale/Mirror”（尺寸/镜像）一栏中选中“Mirror”（镜像）选项，然后点击“OK”，即完成一个“支撑腿”（桌腿）的复制、粘贴、平移。

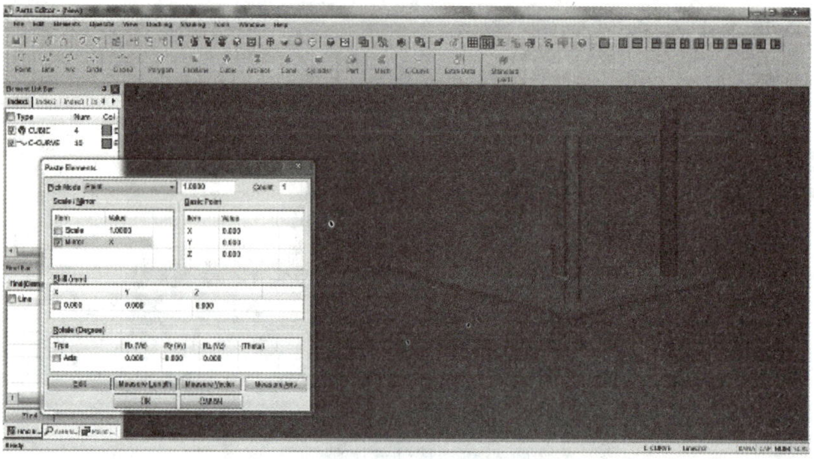

图 5-51 镜像调整支撑腿位置

添加全部支撑腿：如图 5-52 所示，右键点击两根支撑腿部件在左边列表中的行目，点击“Copy”（复制），复制两根支撑腿；用右键点击空白区域后，再点击“Paste”（粘贴），在弹出的粘贴窗口中的“Scale/Mirror”一栏中选中“Mirror”（镜像）选项，粘贴两根 Y 方向上镜像的圆柱；双击“Value”（值）将 X 改为 Y，然后点击“OK”，完成两根支撑腿的粘贴和 Y 方向的平移。至此，工作台创建完成，再摆正工作台（将桌面在 Z 方向上移）。

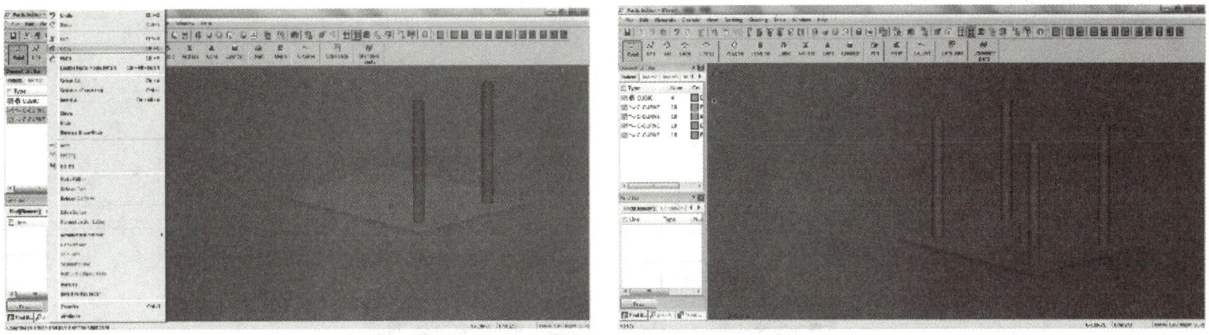

图 5-52　添加全部桌腿

3）添加工作台

重新进入创建设备窗口，在“Model”（模型）选项卡的空白区域点击右键，在弹出的快捷菜单中选择“Add Model”（添加模型），添加“工作台.g2p”，如图 5-53 所示。

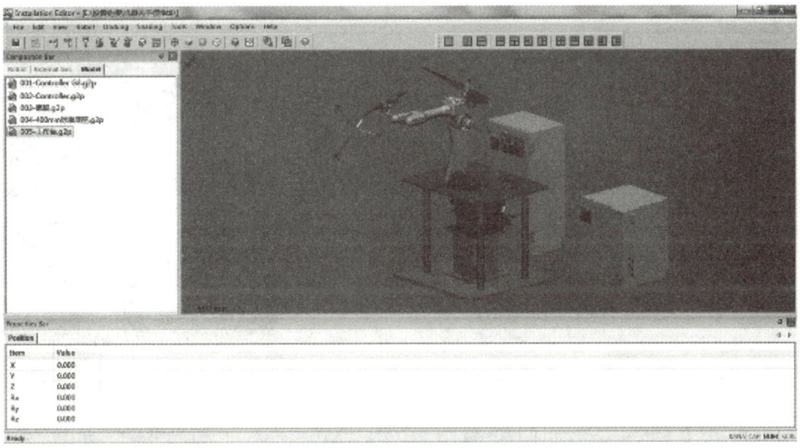

图 5-53　添加工作台

在“Model”选项卡中选择工作台条目，在下方“Position”（位置）中可以修改参数；在 X 坐标方向输入“1000.000”，可将工作台放置在机器人前 1 m 处，至此完成虚拟工作站的创建，如图 5-54 所示。

图 5-54　调整工作台位置

二、设计直线轨迹离线程序

任务分析:用 DTPS 离线编程软件,设计平面钢板(300 mm × 300 mm × 10 mm)上焊缝的直线轨迹程序,轨迹设计如图 5-55 所示。

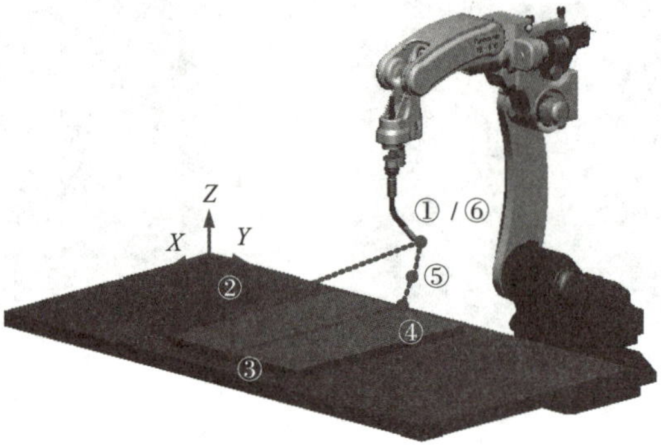

图 5-55 直线轨迹设计

添加平面钢板工件,如图 5-56 所示。

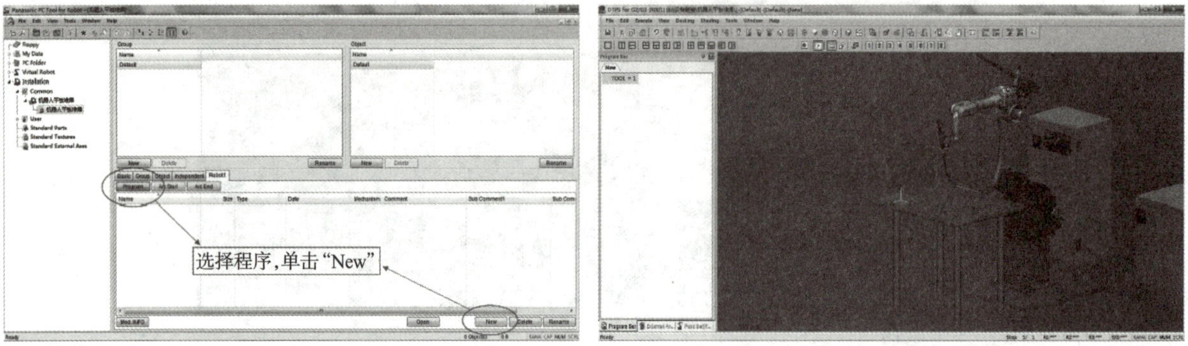

图 5-56 添加平面钢板工件

(1)示教点①——机器人原点。添加位置窗口,单击“Add”,添加示教点①,如图 5-57 所示。

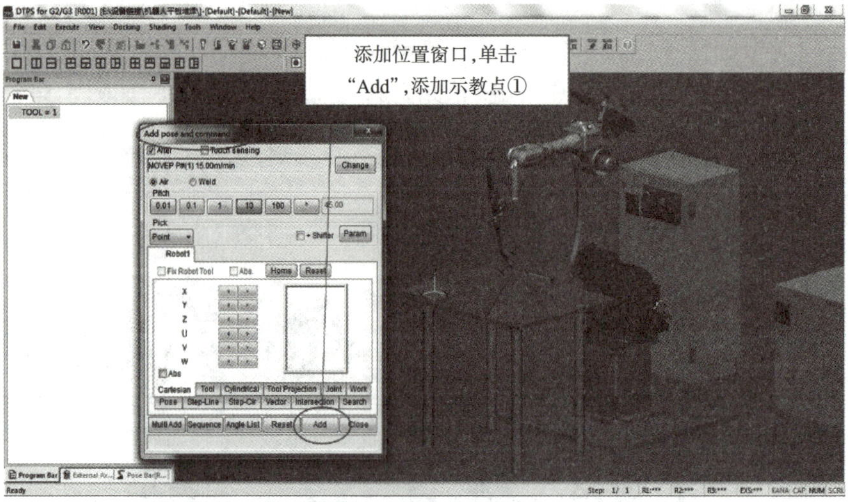

图 5-57 添加示教点①

(2)示教点②——焊接临近点。调整位置,添加示教点②,如图 5-58 所示。

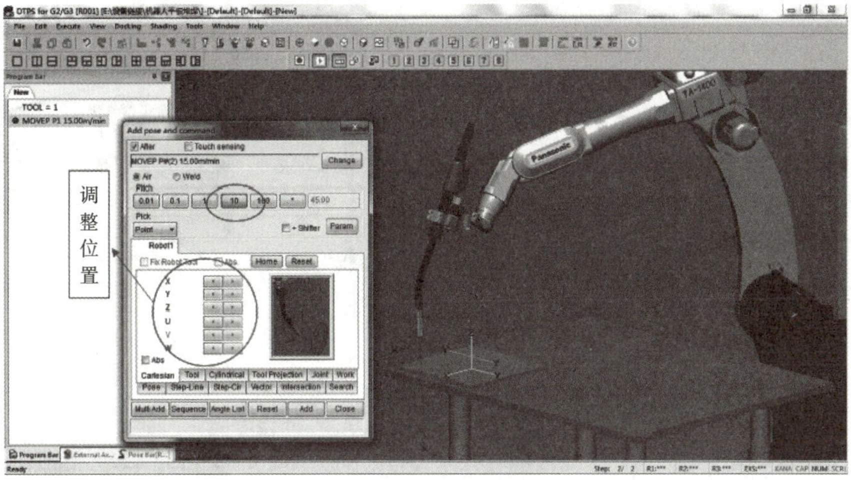

图 5-58　添加示教点②

（3）示教点③——焊接开始点。焊接开始点“P3”选焊接点“Weld”，插补方式选直线“MOVEL”，添加示教点③，如图 5-59 所示。

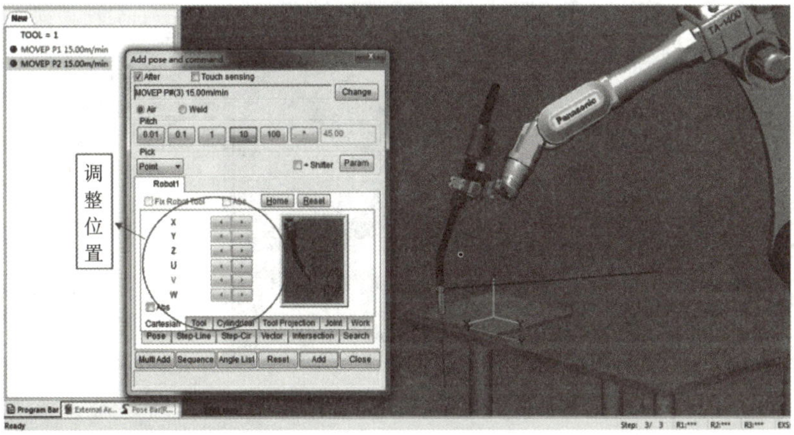

图 5-59　添加示教点③

（4）示教点④——焊接结束点。焊接结束点“P4”的插补方式选直线“MOVEL”、空走“Air”，添加示教点④，如图 5-60 所示。

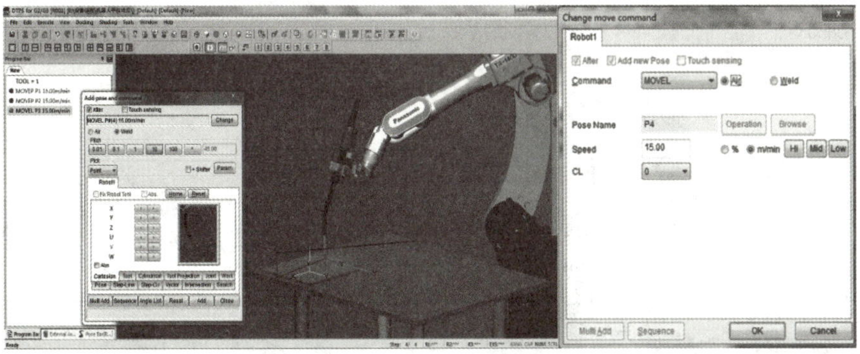

图 5-60　添加示教点④

（5）示教点⑤——焊枪规避点。焊枪规避点“P5”选空走“Air”，添加示教点⑤，如图 5-61 所示。

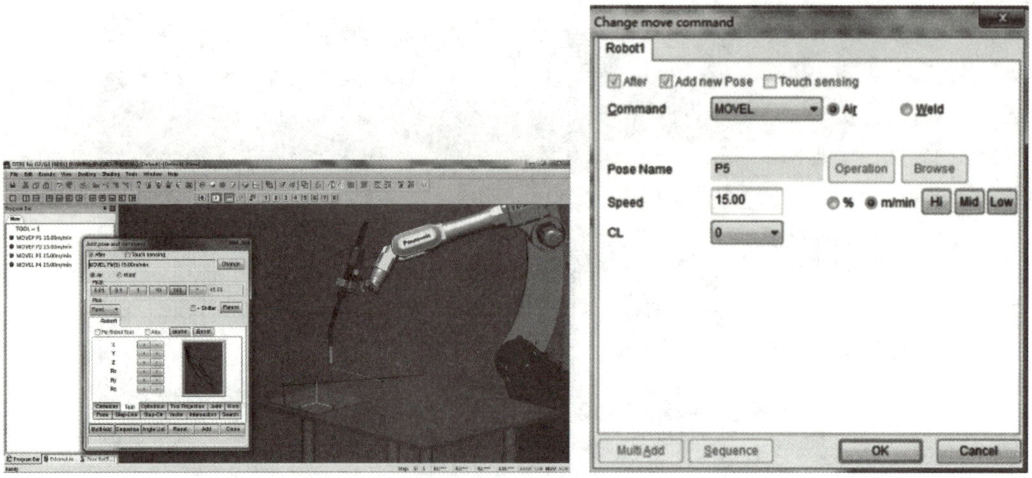

图 5-61　添加示教点⑤

（6）示教点⑥——机器人原点。复制机器人示教点①，在示教点⑤之后粘贴示教点①，则机器人原点的位置被赋予示教点⑥，如图 5-62 所示，保存完成轨迹设计。

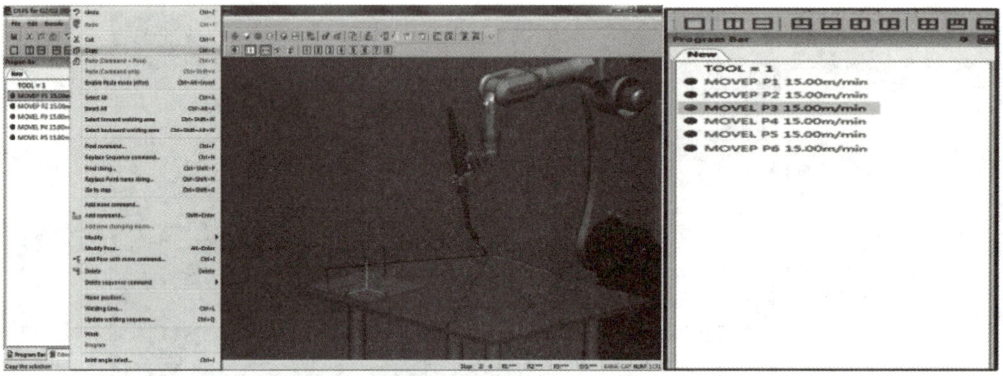

图 5-62　添加示教点⑥

三、设计圆弧轨迹离线程序

任务分析：用 DTPS 离线编程软件设计管-板角接接头（材质均为 Q235）垂直俯焊的圆弧轨迹程序，轨迹设计如图 5-63 所示。

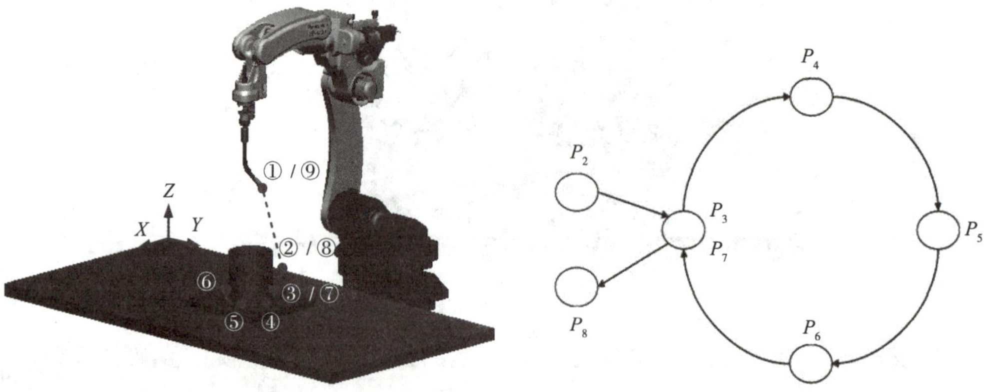

图 5-63　圆弧轨迹设计

圆弧管、板焊缝轨迹需 4~5 个特征点，圆柱体点位选取路径如图 5-63 所示，插补方式选“MOVEC”，添加圆弧轨迹，如图 5-64 所示管-板角对接仿真轨迹如图 5-65 所示，详细步骤参考圆弧在线示教轨迹相关内容。

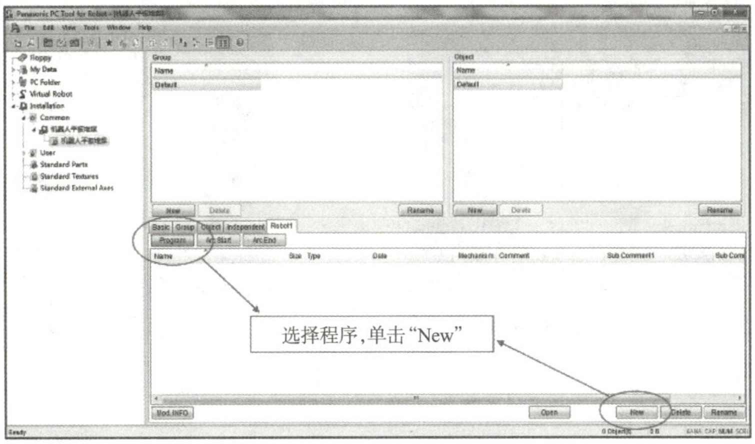
选择程序，单击“New”

图 5-64　添加圆弧轨迹

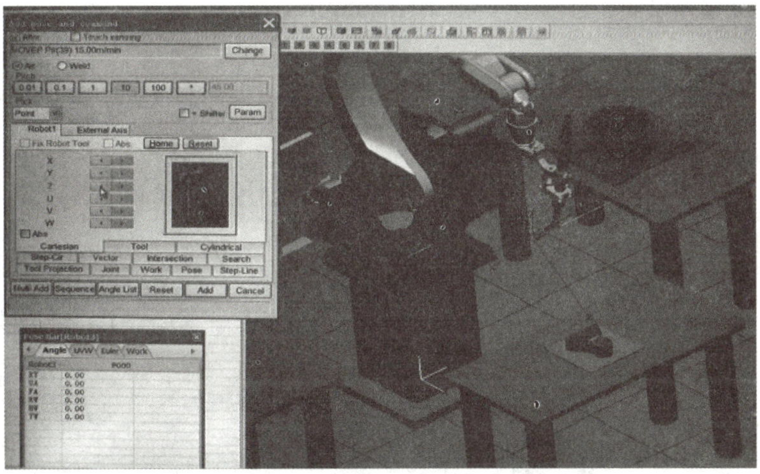

图 5-65　管-板角对接仿真轨迹

四、向离线编程软件导入外部工件

导入 CAD 工件：DTPS 离线编辑软件支持导入.igs/.dxf/.STL/.VRML 等格式的图纸，导入方法如图 5-66 所示，可从 CAD 软件中直接导入所需要的工件。

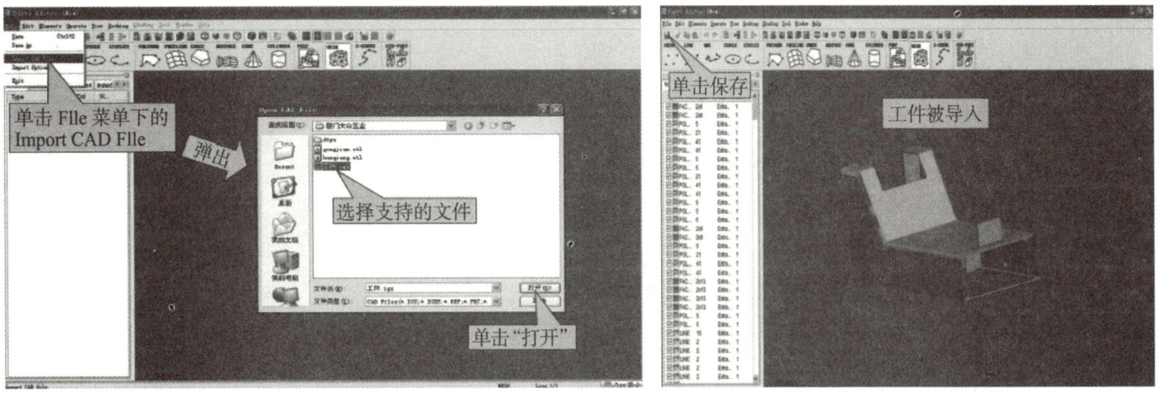
单击 FIle 菜单下的
Import CAD FIle
弹出
选择支持的文件
单击“打开”
单击保存
工件被导入

图 5-66　导入 CAD 工件

导入 STL 格式的工件：导入方法如图 5-67 所示。

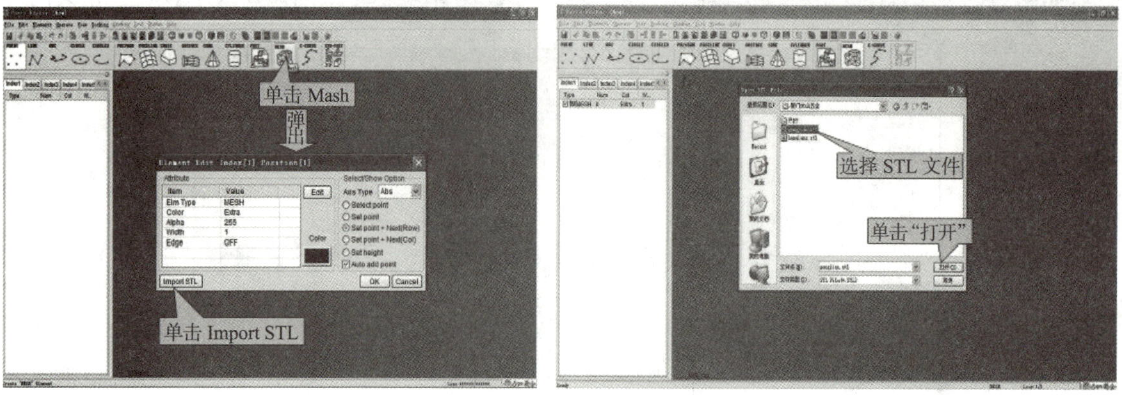
单击 Mash
弹出
单击 Import STL
选择 STL 文件
单击“打开”

图 5-67　导入 STL 格式工件

五、用离线软件导出仿真视频

1. 仿真运行

弹出运行窗口，点击“Execute”（执行），焊枪可按选择的程序，逐条按指令运行，如图 5-68 所示。

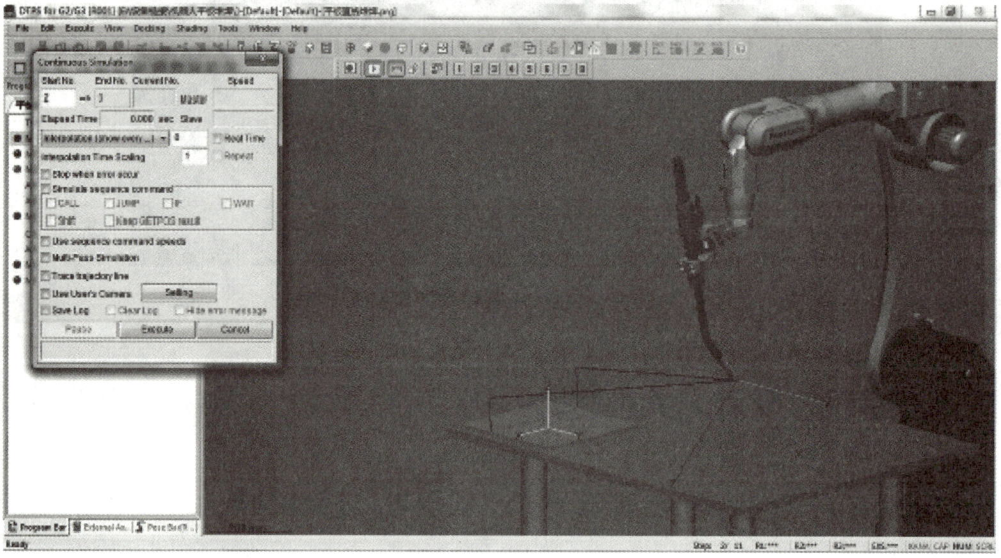

图 5-68　仿真运行

点击“Pause”（暂停）可暂停运行，焊枪停在暂停程序指令所在示教点处，如图 5-69 所示。

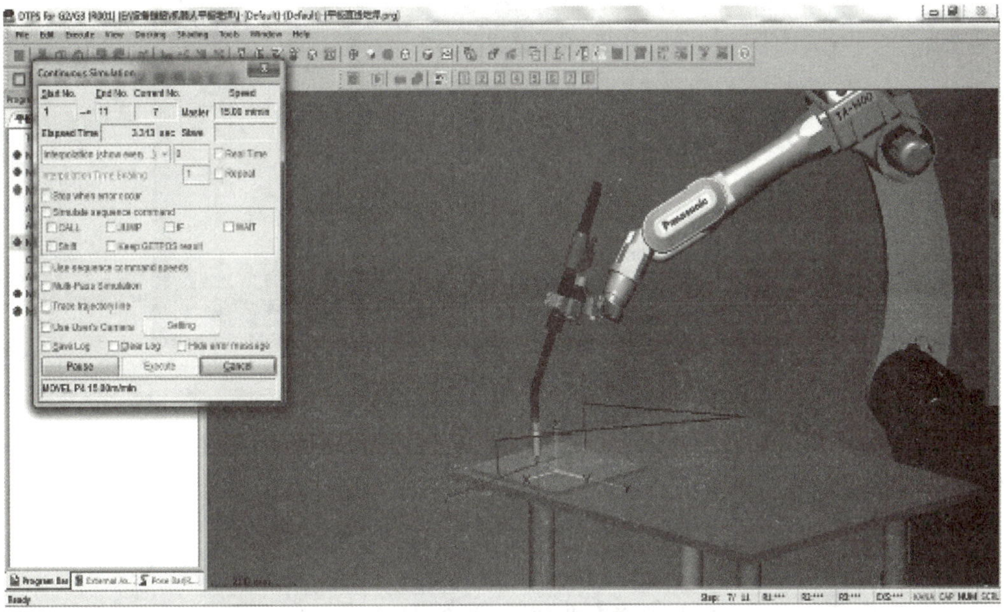

图 5-69　运行暂停界面

2. 导出视频文件

全选“程序栏”中的所有指令，依次点击菜单栏中的“File”（文件）→“Export”（导出）→“AVI File”，如图 5-70 所示。

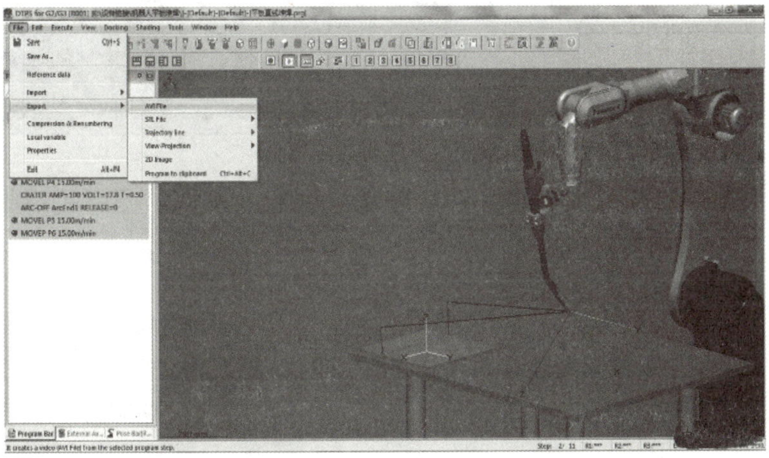

图 5-70　“Export”导出

在弹出的“Setting AVI File parameter.”（设置 AVI 文件参数）窗口中，“Browse...”（浏览）用于设置导出视频的存放位置；“Output”用于设置每秒的帧数；“Trace trajectory line”（轨迹线）用于描绘轨迹线，完成设置后点击“Execute”（执行），如图 5-71 所示。

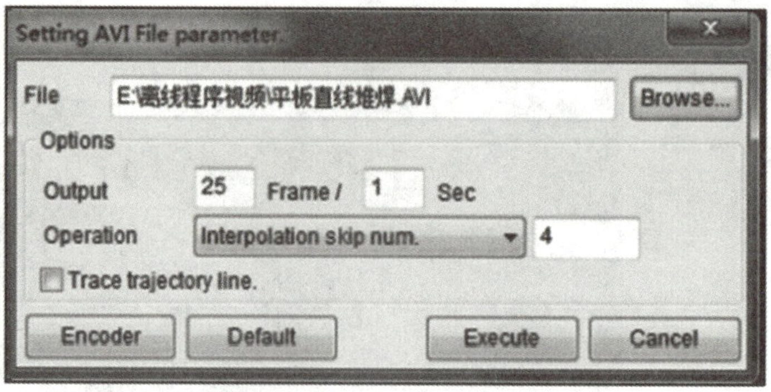

图 5-71　设置 AVI 文件参数

选择压缩模式后，系统开始转换，并创建视频文件。转换完成后，目标文件夹中会出现“.avi”格式的视频文件，即可打开播放，如图 5-72 所示。

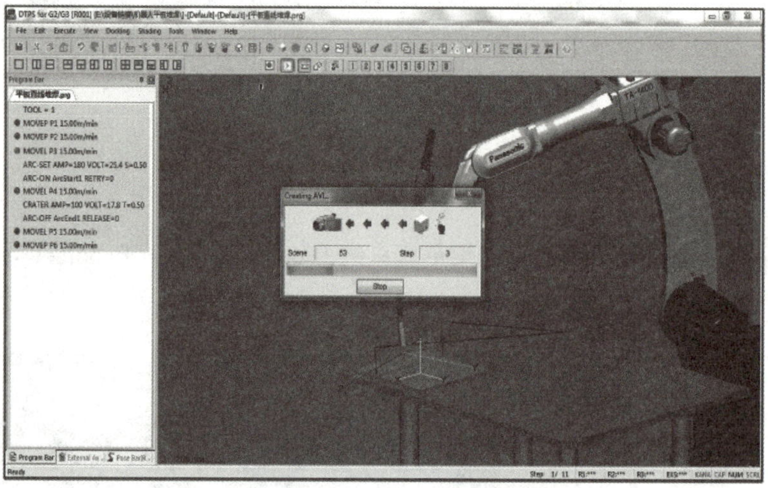

图 5-67　系统创建视频

六、施焊离线程序

对于已经编辑好的离线程序，可通过移动存储介质（SD 卡、U 盘等）将离线编程图形设计作业程序下载到焊接机器人控制柜，下载后的程序经跟踪测试无误后，可用于实际的焊接机器人再现作业，可将其示教器现场编程做对比，分析各自的优缺点。

七、常出现的问题

离线编程常出现的问题主要体现在程序整体偏差和个别示教点偏差两个方面。

1. 程序整体偏差

该类问题主要包括焊接工作节拍不对、焊枪位置角度有误、焊缝位置偏差等，DTPS 离线编程软件是松下焊接机器人示教编程系统的一部分，在机器人工作期间可同时用计算机进行编程及仿真，待焊接机器人完成一个工件焊接任务后，可以快速将第二个工件的程序导入，经过调试后机器人便可快速进行第二个工件的焊接。由于企业会严格要求控制每个工件的焊接时间，所以工作节拍要在编程时就调试正确，需要按实际需要修改软件中的默认初始值。

手工焊焊工凭借经验可以在焊接过程中随时调整焊枪角度，如前倾、垂直、后倾，但是使用机器人进行焊接过程中必须保证程序设置正确，不能在焊接过程中修改程序。为了保证焊缝稳定，针对平板堆焊任务，可将焊枪设置成垂直于平面钢板。

焊缝位置偏差主要指计算机端程序轨迹和实际工件位置不匹配，需要平移程序，和工件位置保持一致。

2. 个别示教点偏差

该类问题主题体现在插补方式有误、焊缝段的起收弧电流电压参数修改有误等。对于插补方式，如进行圆弧焊缝，焊接开始点是圆弧插补，结束点是圆弧插补，过程示教点也应该都是圆弧插补，但若在编程过程点时错选直线或者摆动插补，机器人在实际焊接过程中则无法完成圆弧焊缝，所以必须修改程序。

针对焊接机器人 CO_2 气体保护焊工艺，一定要在焊接前的编程中就设置适合的电流、电压、起弧速度等参数。

3. 程序修改的具体操作

以修改示教速度为例，用 Ctrl+A 全选程序，依次点击 Modify → Action/Speed modify，在弹出的 Action & Speed modify 窗口中对所有空走点和焊接点进行整体修改，也可修改插补方式，按规定提高示教速度，缩短轨迹示教时间，提升焊接速率，如图 5-73 所示。

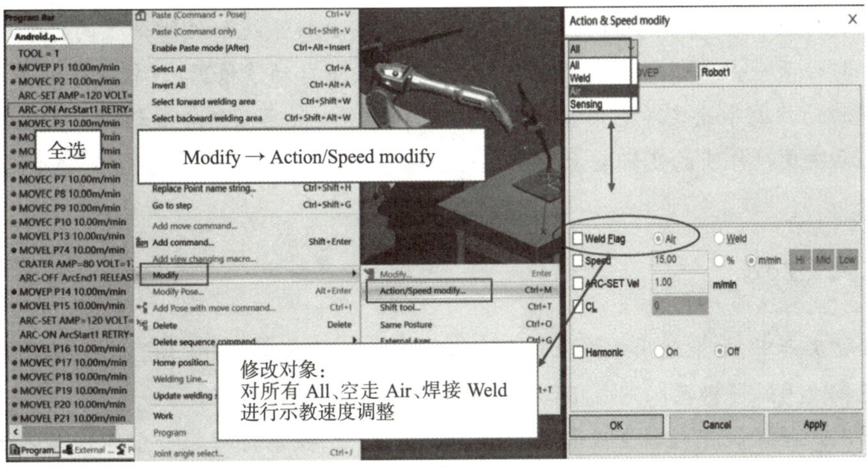

图 5-73　修改离线程序提高示教速度

用 PTPS 离线编程软件完成 10 mm 厚的平面钢板焊接编程，根据焊接机器人 CO_2 气体保护焊的焊接工艺，修改起弧参数：电流 I=180~200 A，电压 U=23~24 V，干伸长度 L=15 mm，焊接速度 S=0.3 m/min，如图 5-74 所示。同时，修改收弧工艺参数，可按起弧参数的 80%修改，如图 5-75 所示。

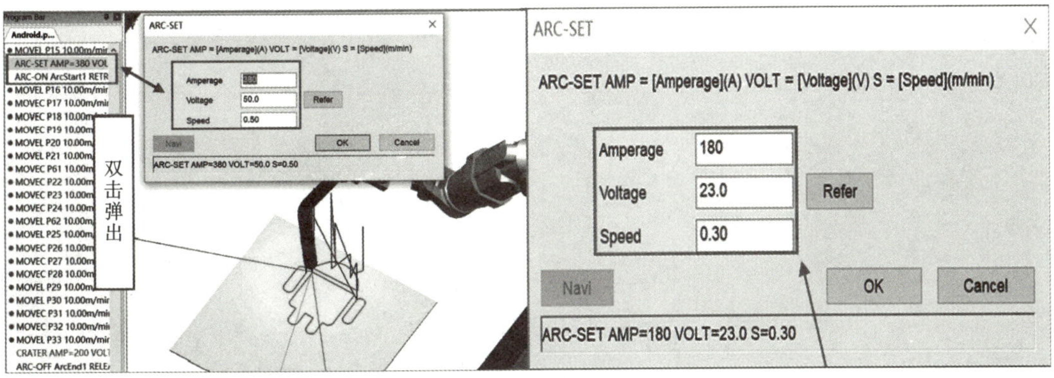

图 5-74　修改起弧参数

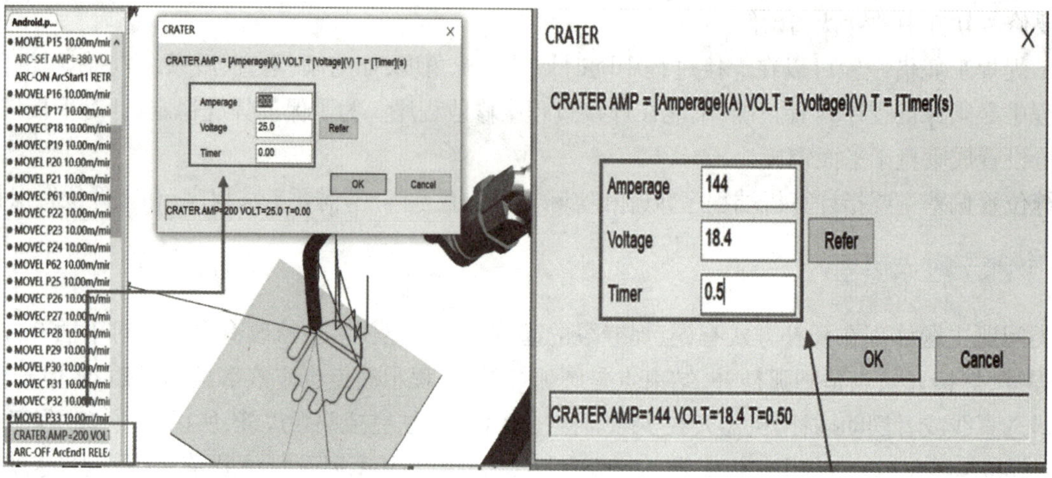

图 5-75　修改收弧参数

项目小结

在一套成熟的焊接机器人系统中，为尽可能减少清理或更换系统配件所产生的停机时间，以及始终通过保持最佳的焊接位置来保证焊接质量的稳定，焊接机器人与自动清枪器、焊接变位机等周边（工艺）辅助设备之间的合理的动作次序就显得尤为重要。动作次序是焊接机器人任务编程的三大主要内容之一，同时也是焊接机器人系统柔性作业的良好展示。

复习思考题

1. 在企业实际生产中，如果使用弧焊机器人完成一套工件的成型，整个工艺流程包括哪些环节？

2. 简述并完成使用弧焊机器人完成 T 形接头平角焊的实训操作过程。

3. 使用机器人焊接系统完成骑坐式管-板船形焊连续作业，要求每焊完一个工件必须进行清枪动作，并简述其示教操作过程。

4. 对比离线编程和在线示教编程的优缺点。

项目六

机器人弧焊示教编程

项目描述

本项目采用的焊接机器人是国内知名机器人品牌卡诺普的产品，其配套有双轴变位机及较为稳定的焊接弧焊电源，可实现不同材料、不同板厚、不同位置的焊接，并可实现当前流行的电弧增材（3D打印）且可满足日常教学的所有需求。

知识目标

- (1)扎实掌握卡诺普焊接机器人的知识及操作机器人焊接的技能。
- (2)可独立完成卡诺普焊接机器人的示教编程并实施后续焊接。

素养目标

- (1)养成使用机器人的规范习惯，培养全局性综合考虑问题的能力。
- (2)通过实践，培养学生精益求精、练技修心的职业精神和职业责任感。

任务一　机器人编程的简单操作

示教编程是指在示教模式下选择正确的坐标系，并手动移动机器人末端到需要的位置，然后通过特定的操作（如按键选择指令等）调用当前坐标数据（不可见）、运动轨迹、加工工艺等指令，从而生成用户程序的过程。

在不使用变量的情况下，运动指令程序行包含运动指令、附加速度、平滑度以及机器人关节数据（该数据在程序编辑界面上不可见）。

简单编程步骤如下。

1. 手动控制机器人准备工作

（1）正常开机，若没有报警，提示栏中提示“系统初始化完成”，如图 6-1 所示。

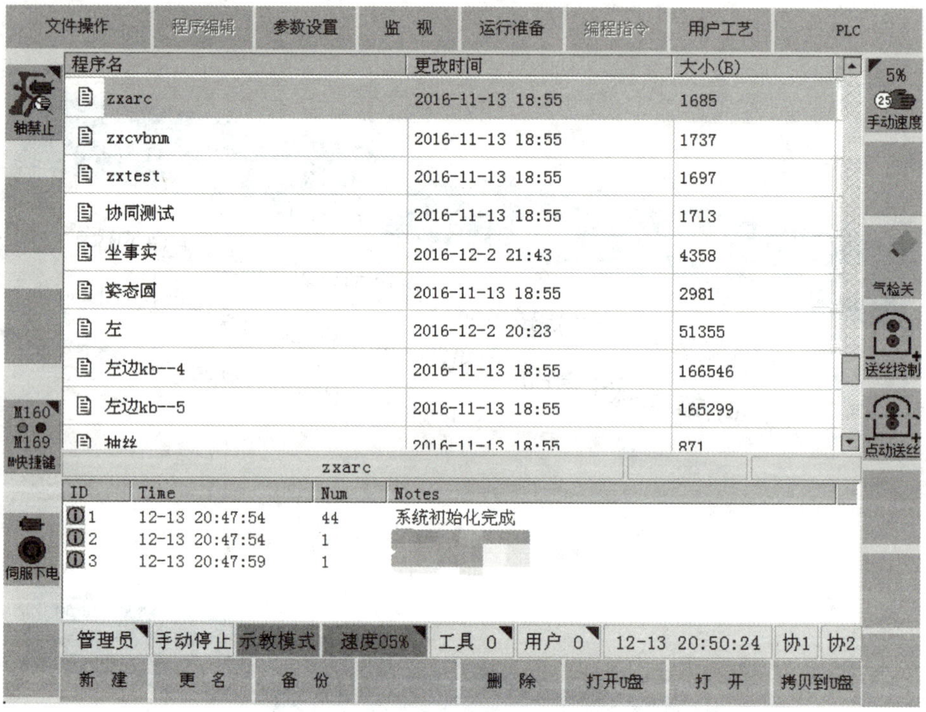

图 6-1　开机且系统初始化完成

注意：若系统初始化完成后提示栏中提示 J×（× 代表轴号）轴计算错误（即计算出的坐标超过软限位值），可将机器人各个关节运动到零位，重新记录零位即可运动。

（2）点击“伺服下电”按键（图 6-1），伺服上电并读取各轴位置（对于绝对编码器，系统会读取各轴绝对位置），读取成功后，“伺服下电”按键状态变为“伺服上电”，颜色为绿色，提示栏中提示“编码读取成功”，如图 6-2 所示。若一个轴没有读取成功，无论点击“伺服下电”按键多少次，按键状态始终为“伺服下电”，颜色为红色。

图 6-2　读取各轴位置编码

(3)点击“轴禁止”按键，再选择“按键移动”，如图 6-3 所示。

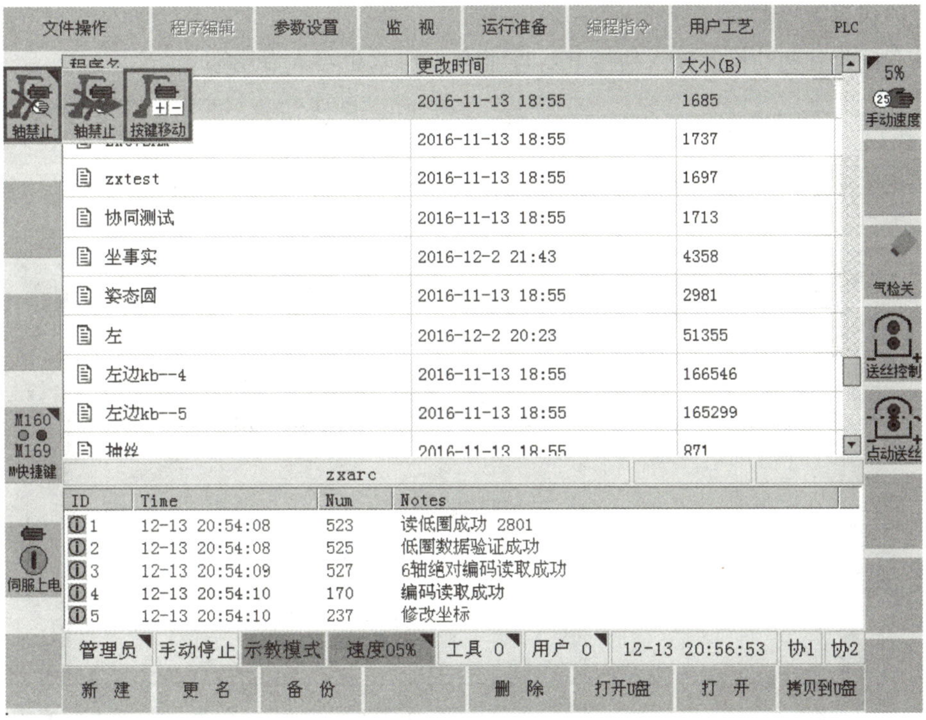

图 6-3　选择“按键移动”

(4)按住安全开关，使安全开关处于第二挡位，示教器屏幕右边轴运动坐标出现，如图 6-4 所示。

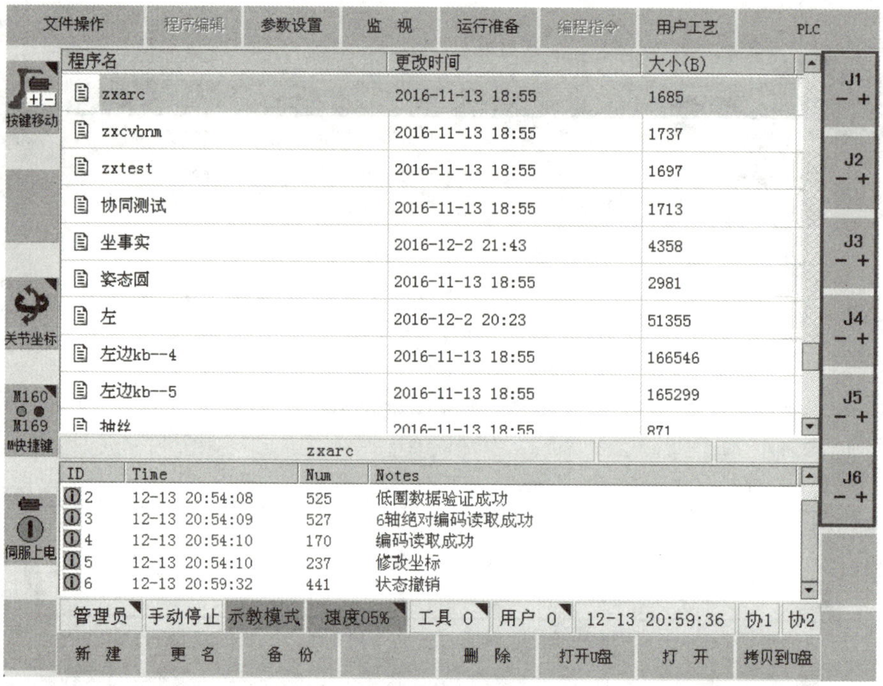

图 6-4　出现轴运动坐标

注意：“伺服上/下电”按键状态为“伺服上电”且颜色为绿色，安全开关处于第二挡位，但轴运动坐标不出现原因如下。

①系统运动状态为“轴禁止”。

②系统没有接收到制动检测输入信号 BK-T（监视 IO 口，机器人专用端子）。

2. 新建文件

（1）在程序列表界面，当焦点位于程序列表窗口时，点击“新建”，按键如图 6-5 所示。

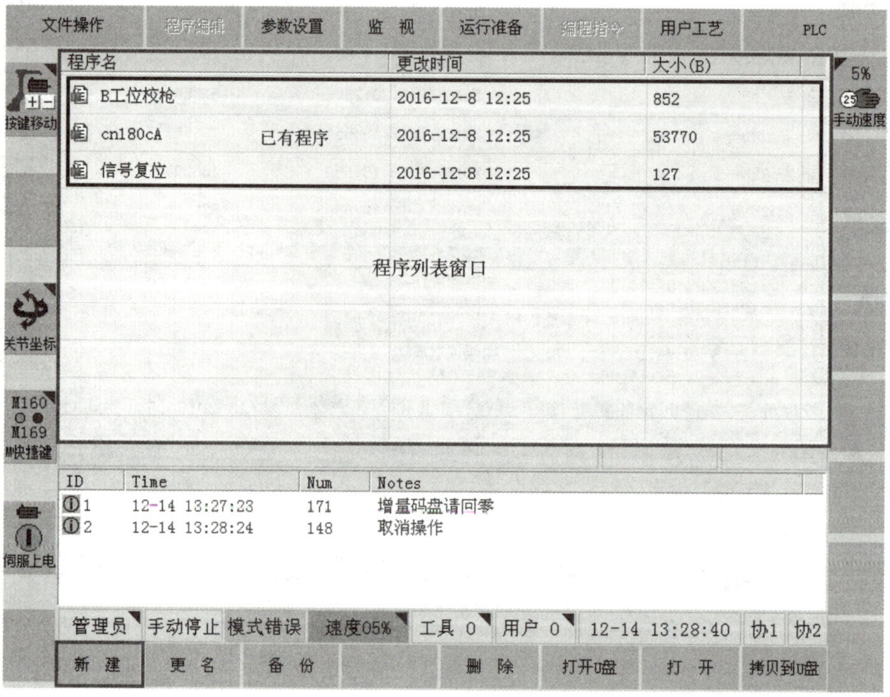

图 6-5　新建文件

（2）弹出新文件名设置窗口，点击白色方框，弹出软键盘，输入文件名。可点击“中”按键，此按键变为绿色后即可使用智能拼音输入法输入中文（如矩形），点击“确定”，如图 6-6 所示。

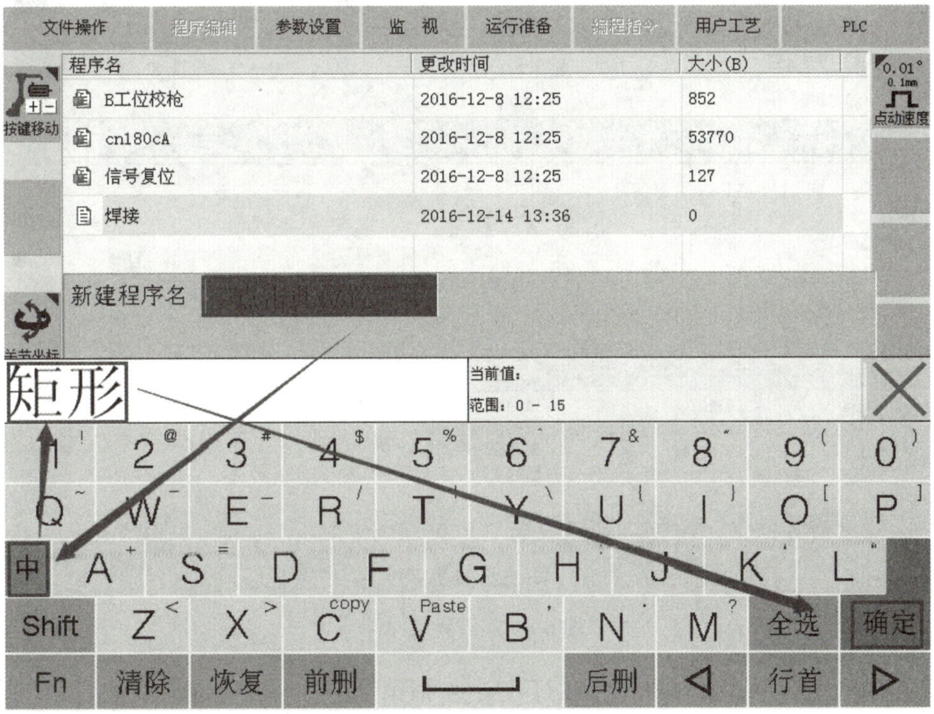

图 6-6　输入新文件名

（3）“矩形”程序文件新建成功，提示栏中提示“新建成功”，如图 6-7 所示。

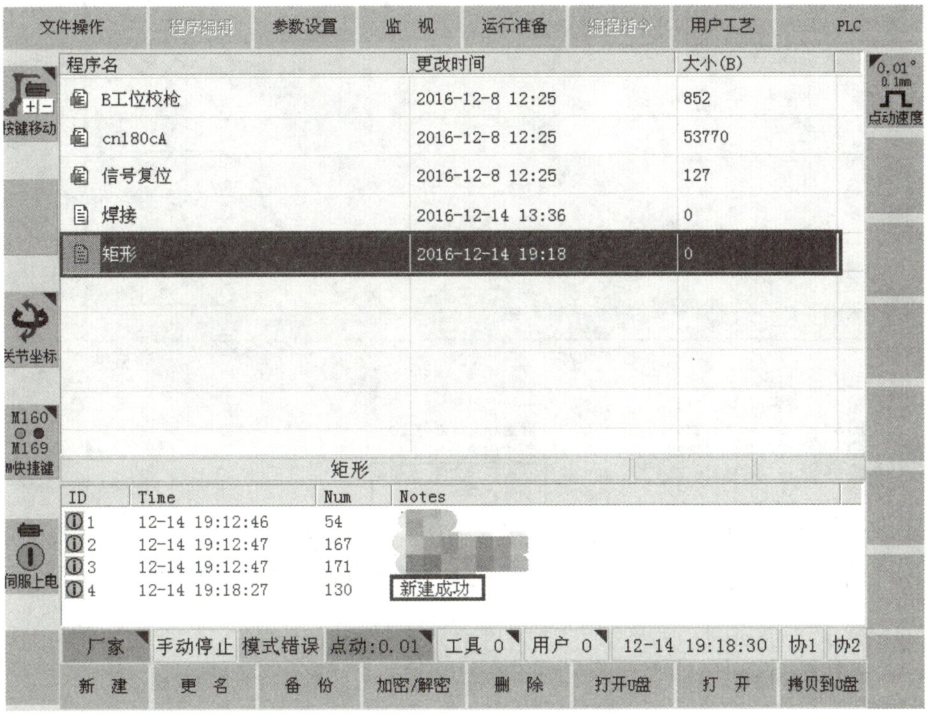

图 6-7　“矩形”程序文件新建成功

（4）选中文件名为“矩形”的程序文件（选中后为蓝色），然后用触摸笔双击此文件或点击“打开”按键，如图 6-8 所示。

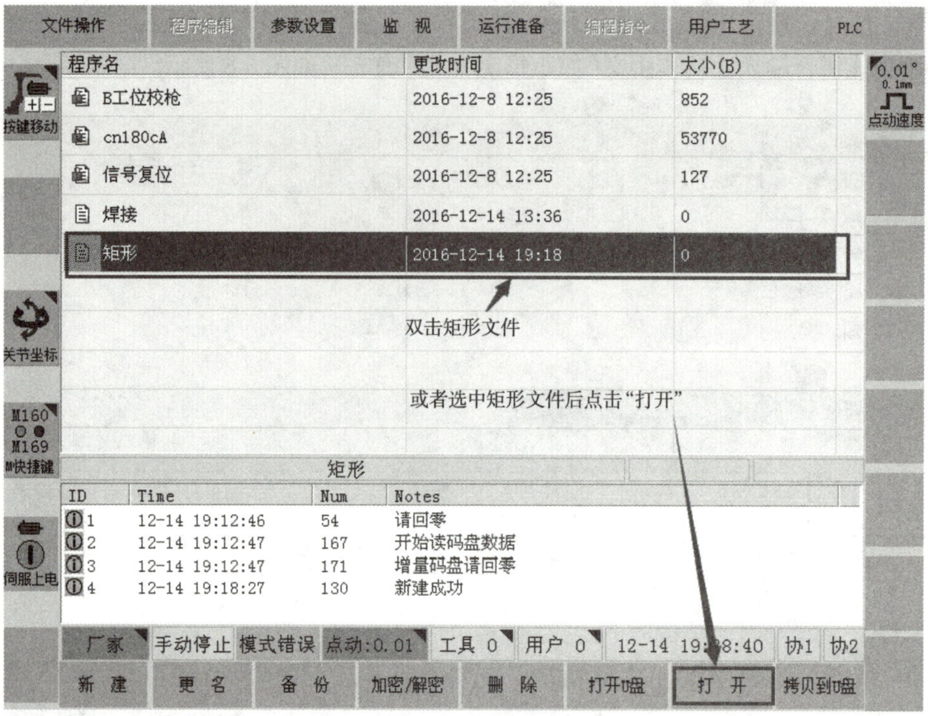

图 6-8 打开新建文件

（5）打开新建文件，提示栏陆续提示“正在打开文件，请稍等”“文件打开成功”，如图 6-9 所示。

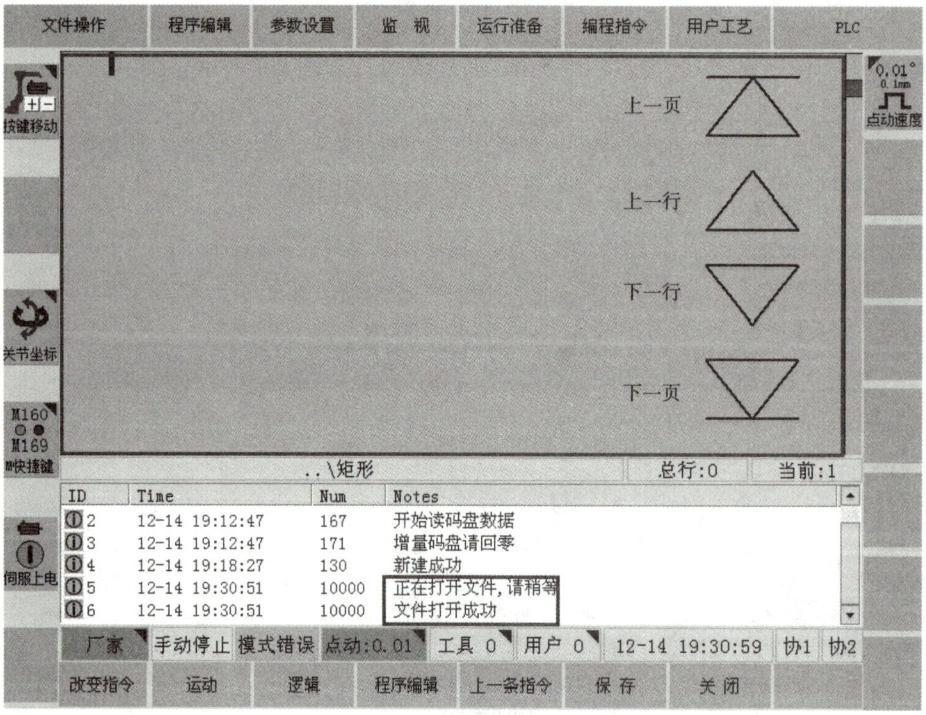

图 6-9 新建文件打开成功

3. 编辑程序

（1）运动路径如图 6-10 所示。

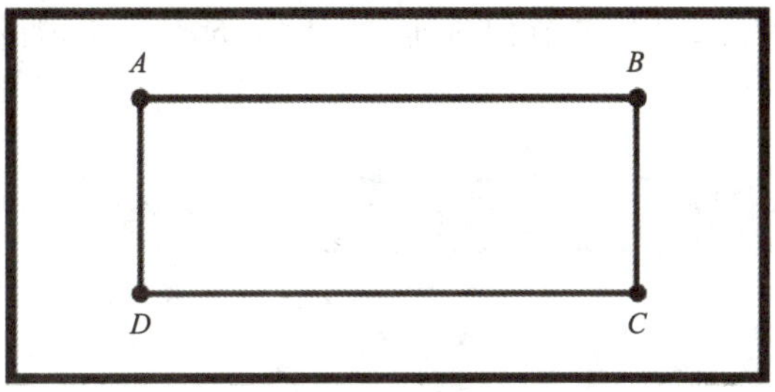

图 6-10 运动路径

（2）程序列表见表 6-1。

表 6-1 程序列表

程序行指令	说明
MOVJ VJ=50.0% PL=9	按照 MOVJ 关节运动方式，相对速度为 50%，平滑度为 9，移动到工件的上方（远离工件），到达准备点
MOVJ VJ=50.0% PL=0	MOVJ 关节运动，相对速度为 50%，平滑度为 0，移动到程序点 *A*，靠近工件
MOVL VL=200.0 mm/s PL=0	MOVL 直线运动，速度为 200 mm/s，平滑度为 0，移动到程序点 *B*
MOVL VL–200.0 mm/s PL=0	MOVL 直线运动，速度为 200 mm/s，平滑度为 0，移动到程序点 *C*
MOVL VL=200.0 mm/s PL=0	MOVL 直线运动，速度为 200 mm/s，平滑度为 0，移动到程序点 *D*
MOVL VL=200.0 mm/s PL=0	MOVL 直线运动，速度为 200 mm/s，平滑度为 0，移动到程序点 *A*
MOVL VL=400.0 mm/s PL=9	按照 MOVL 直线运动方式，速度为 400 mm/s，平滑度为 9，移动到工件的上方（远离工件），到达离开点

4. 示教编程

（1）打开新建程序文件“矩形”，按住安全开关（二挡），将机器人末端尖点移动到工件的上方，点击“运动”按键，选择“MOVJ”（关节运动指令），如图 6-11 所示。

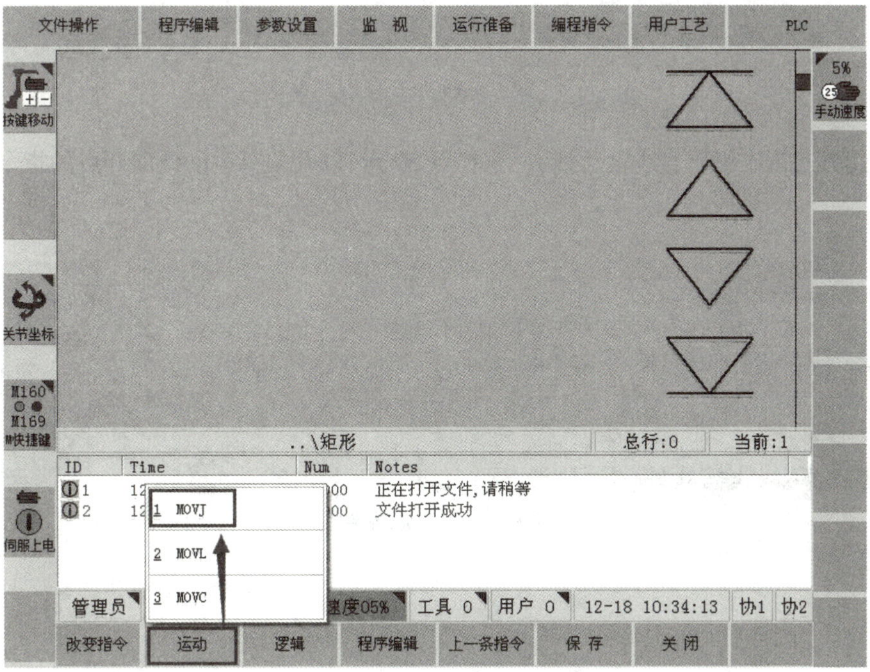

图 6-11 调出指令编辑窗口操作

（2）在弹出的指令编辑窗口中，修改关节相对速度 VJ 为“50%”，平滑度 PL 为“9”，然后点击“指令正确”按键，如图 6-12 所示。

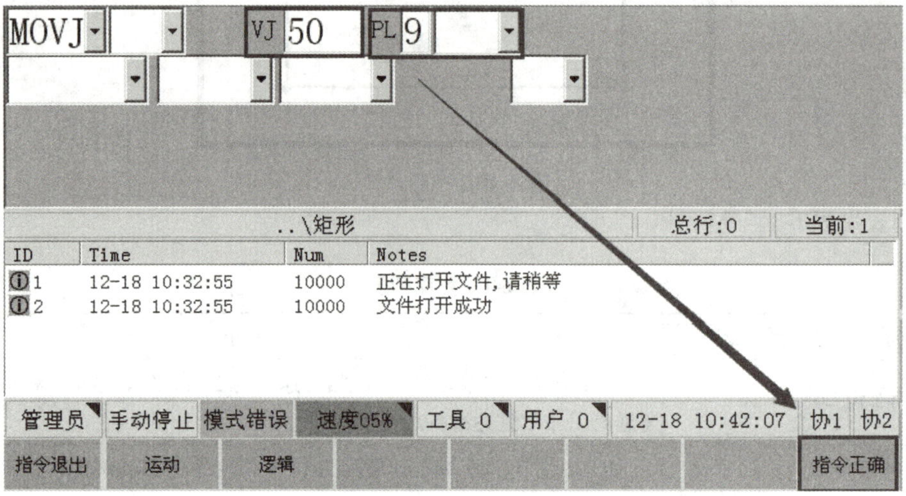

图 6-12　编辑关节运动指令

（3）MOVJ 指令编辑完成并记录到程序文件“矩形”，此时 MOVJ 指令中包含当前机器人各轴的关节坐标，程序被正确记录到程序文件中后，系统提示栏中会显示“程序编辑成功”，如图 6-13 所示。

图 6-13　关节运动指令记录完成

（4）继续按住安全开关（二挡），使用直角坐标系将机器人末端点移动到工件 *A* 点上，按照上述方式，依次选择“运动”→“MOVL”，修改 VL 为“200”和 PL 为“0”，然后点击“指令正确”，第一条直线运动指令（运动到 *A* 点）记录完成，如图 6-14 所示。

图 6-14　第一条直线运动指令记录完成

（5）按照上述方式依次编辑直线运动到 *B* 点、*C* 点、*D* 点，以及关节运动到离开点的指令，程序编辑完成后如图 6-15 所示。

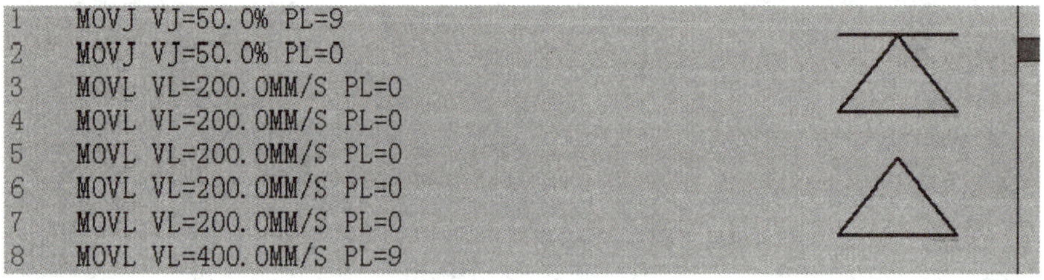

图 6-15　程序编辑完成

任务二　直线焊缝的示教及实例

（1）直线焊缝示教实例如图 6-16 所示。

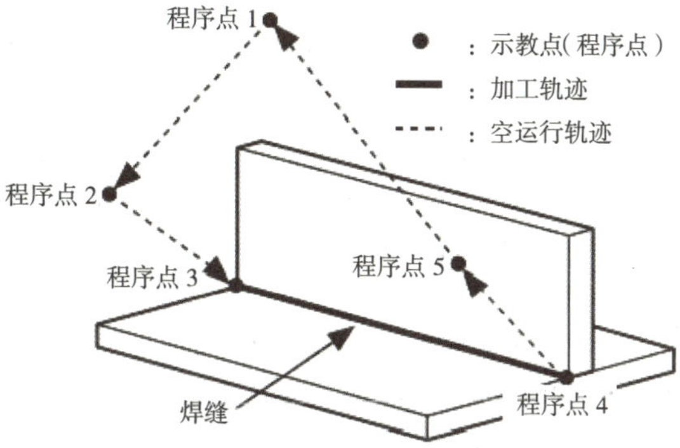

图 6-16　直线焊缝示教实例

（2）焊接程序列表见表 6-2。

表 6-2　焊接程序列表

程序行指令	说明
MOVJ VJ=50% PL=9 TOOL=2	在工具坐标系 TOOL = 1 内，按照 MOVJ 关节运动方式，相对速度为 50%，平滑度为 9，移动到程序点 1，到达准备点
MOVJ VJ=50% PL=9 TOOL=2	工具坐标系 TOOL=2，MOVJ 关节运动，相对速度为 50%，平滑度为 9，移动到程序点 2，靠近工件
MOVJ VJ=25% PL=0 TOOL=2	工具坐标系 TOOL=2，MOVJ 关节运动，相对速度为 25%，平滑度为 9，移动到程序点 3，接触工件
ARCSTART#（0）	起弧，0 号焊接工艺开始
MOVL VL=100.0 mm/s PL=0 TOOL=2	工具坐标系 TOOL=2，MOVL 直线运动，速度为 100 mm/s，平滑度为 0，移动到程序点 4，焊接加工轨迹
ARCEND#（0）	收弧，0 号焊接工艺结束
MOVJ VJ=50% PL=9 TOOL=2	工具坐标系 TOOL=2，MOVJ 关节运动，相对速度为 50%，平滑度为 9，移动到程序点 5，离开工件
MOVJ VJ=50% PL=9 TOOL=2	工具坐标系 TOOL=2，MOVJ 关节运动，相对速度为 50%，平滑度为 9，移动到程序点 1，回到准备点

任务三　圆弧焊缝的示教及实例

1. 姿态圆的示教

（1）针对姿态圆运动，采用圆弧指令实现，在规划圆弧时至少要选取 3 段圆弧（避免就近原则引起的反向运行）。

（2）编写姿态圆时，应当注意姿态变化的角度，尽量避免小距离、大姿态的运动轨迹。

（3）在保证机器人末端轨迹的时候，距离小，姿态变化大；机器人在变化姿态的时候，速度会很快，会造成机器人抖动或超速报警，从而影响末端轨迹。

以图 6-17 所示整圆运动为例，只考虑 C 姿态的情况，在寻找点位的时候，尽量保证各坐标点与姿态均等分整圆，从而达到保证运动轨迹的效果。

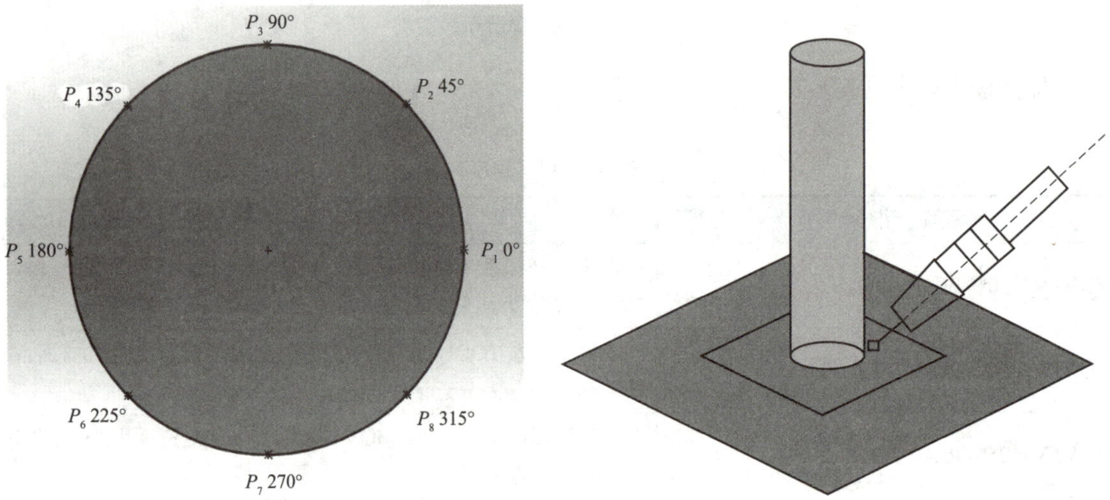

图 6-17　整圆运动

焊接程序列表见表 6-3。

表 6-3　焊接程序列表

程序行指令	说明
MOVJ VJ=50% PL=9 TOOL=2	在工具坐标系 TOOL=2 内，按照 MOVJ 关节运动方式，相对速度为 50%，平滑度为 9，到达准备点
MOVJ VJ=50% PL=9 TOOL=2	工具坐标系 TOOL=2，MOVJ 关节运动，相对速度为 50%，平滑度为 9，靠近工件
MOVL VL=100.0 mm/s PL=0 TOOL=2	工具坐标系 TOOL=2，MOVL 直线运动，相对速度为 100 mm/s，平滑度为 0，接触到工件
ARCSTART#（0）	起弧，0 号焊接工艺开始
MOVC VL=100 mm/s PL=0 TOOL=2　POINT=1	工具坐标系 TOOL=2，MOVC 关节运动，相对速度为 100 mm/s，平滑度为 0，圆弧第 1 个点，焊接加工轨迹

续表

程序行指令	说明
MOVC VL=100 mm/s PL=0 TOOL=2　POINT=2	工具坐标系 TOOL=2，MOVC 关节运动，相对速度为 100 mm/s，平滑度为 0，圆弧第 2 个点，焊接加工轨迹
MOVC VL=100 mm/s PL=0 TOOL=2　POINT=3	工具坐标系 TOOL=2，MOVC 关节运动，相对速度为 100 mm/s，平滑度为 0，圆弧第 3 个点，焊接加工轨迹
MOVC VL=100 mm/s PL=0 TOOL=2　POINT=4	工具坐标系 TOOL=2，MOVC 关节运动，相对速度为 100 mm/s，平滑度为 0，圆弧第 4 个点，焊接加工轨迹
MOVC VL=100 mm/s PL=0 TOOL=2　POINT=5	工具坐标系 TOOL=2，MOVC 关节运动，相对速度为 100 mm/s，平滑度为 0，圆弧第 5 个点，焊接加工轨迹
MOVC VL=100 mm/s PL=0 TOOL=2　POINT=6	工具坐标系 TOOL=2，MOVC 关节运动，相对速度为 100 mm/s，平滑度为 0，圆弧第 6 个点，焊接加工轨迹
MOVC VL=100 mm/s PL=0 TOOL=2　POINT=7	工具坐标系 TOOL=2，MOVC 关节运动，相对速度为 100 mm/s，平滑度为 0，圆弧第 7 个点，焊接加工轨迹
MOVC VL=100 mm/s PL=0 TOOL=2　POINT=8	工具坐标系 TOOL=2，MOVC 关节运动，相对速度为 100 mm/s，平滑度为 0，圆弧第 8 个点，焊接加工轨迹
MOVC VL=100 mm/s PL=0 TOOL=2　POINT=1	工具坐标系 TOOL=2，MOVL 关节运动，相对速度为 100 mm/s，平滑度为 0，圆弧第 1 个点，焊接加工轨迹
ARCEND#(0)	收弧，0 号焊接工艺结束
MOVJ VJ=50% PL=9 TOOL=2	工具坐标系 TOOL=2，MOVJ 关节运动，相对速度为 50%，平滑度为 9，离开工件
MOVJ VJ=50% PL=9 TOOL=2	工具坐标系 TOOL=2，MOVJ 关节运动，相对速度为 50%，平滑度为 9，回到准备点

2. 直线过渡圆弧

(1)系统可以默认直线末端点为圆弧的第一个点，减少重复记录点并避免重复点位引起的停顿问题。即(L)MOVL-2-3 的方式，具体如下。

MOVL VL=100 mm/s PL=0 //直线末端点(圆弧起始点)

MOVC VL=100 mm/s PL=0 POINT=2 //圆弧第 2 个点

MOVC VL=100 mm/s PL=0 POINT=3 //圆弧第 3 个点

(2)当需要在圆弧第一点启动焊接时，ARCSTART 指令前的直线点和 ARCSTART 指令后的点位必须为同一个点，用复制程序行的方式保证同一个点(将第 1 行复制到第 3 行)。

直线过渡圆弧运动如图 6-18 所示。

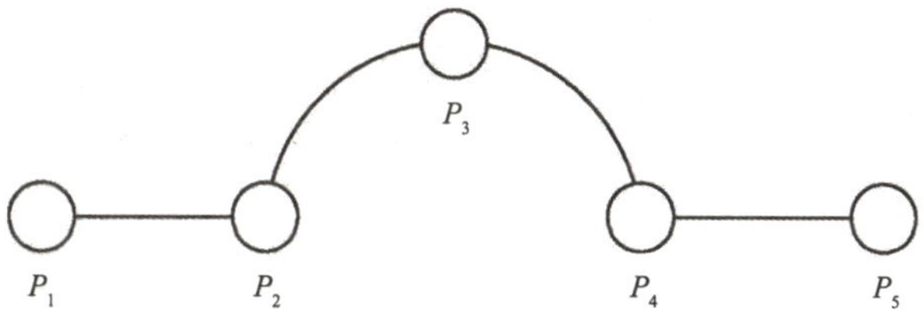

图 6-18　直线过渡圆弧运动

焊接程序列表见表 6-4。

表 6-4　焊接程序列表

程序行指令	说明
MOVJ VJ=50% PL=9 TOOL=2	在工具坐标系 TOOL=2 内，按照 MOVJ 关节运动方式，相对速度为 50%，平滑度为 9，到达准备点
MOVJ VJ=50% PL=9 TOOL=2	工具坐标系 TOOL=2，MOVJ 关节运动，相对速度为 50%，平滑度为 9，靠近工件
MOVJ VJ=25% PL=0 TOOL=2	工具坐标系 TOOL=2，MOVJ 关节运动，相对速度为 25%，平滑度为 0，接触工件
ARCSTART#(0)	起弧，0 号焊接工艺开始
MOVL VL=100.0 mm/s PL=0 TOOL=2	工具坐标系 TOOL=2，MOVC 关节运动，相对速度为 100 mm/s，平滑度为 0，圆弧第一个点，焊接加工轨迹，该点与上一点位置一样
MOVC VL=100 mm/s PL=0 TOOL=2　POINT=2	工具坐标系 TOOL=2，MOVC 关节运动，相对速度为 100 mm/s，平滑度为 0，圆弧第 2 个点，焊接加工轨迹
MOVC VL=100 mm/s PL=0 TOOL=2　POINT=3	工具坐标系 TOOL=2，MOVC 关节运动，相对速度为 100 mm/s，平滑度为 0，圆弧第 3 个点，焊接加工轨迹
MOVL VL=100.0 mm/s PL=0 TOOL=2	工具坐标系 TOOL=2，MOVL 直线运动，相对速度为 100 mm/s，平滑度为 0，焊接加工轨迹
ARCEND#(0)	收弧，0 号焊接工艺结束
MOVJ VJ=50% PL=9 TOOL=2	工具坐标系 TOOL=2，MOVJ 关节运动，相对速度为 50%，平滑度为 9，离开工件
MOVJ VJ=50% PL=9 TOOL=2	工具坐标系 TOOL=2，MOVJ 关节运动，相对速度为 50%，平滑度为 9，回到准备点

注意：即使第 1 行与第 3 行在同一个点，也不能通过手动示教记录，因为在同一个点手动示教记录，坐标值会有细微的差别；当同时使用摆弧功能时，会出现异响；带姿态运动时，同样要避免小距离、大姿态的情况。

由直线过渡到圆弧的第 1 个点时，要保证圆弧第 1 个点的姿态；在直线运动过程中，带姿态变化到圆弧第 1 个点时，要变化好姿态，提高效率。如在直线过程中姿态变化大，可以在中间多加几个点位以保证轨迹。如图 6-19 所示，直线段 P_1 点至 ^1P 点，需要带姿态走，为保证末端轨迹，应当带姿态记录两个点，P_1 与 P_2 点距离远即可姿态变化稍大一点来保证末端。

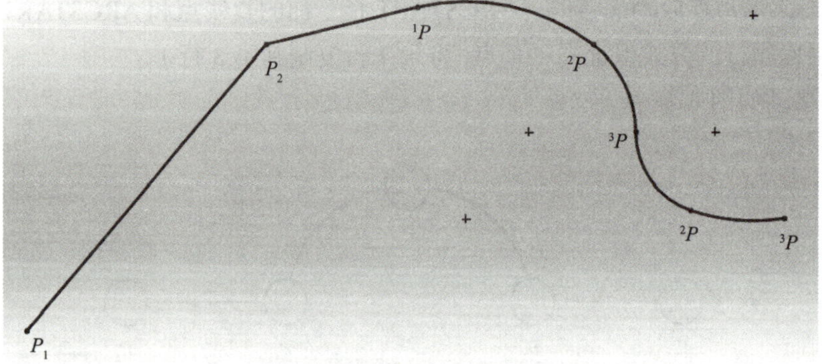

图 6-19　直线至小圆弧过渡

3. 连续圆弧

遵循 1(L)-2-3-2-3-2-3 的方式找点，即上一段圆弧的终点作为下一段圆弧的起点，以保证圆弧的连贯性。

对于小圆弧段，距离短，先变换好预想姿态，再移动位置记录。

对于大圆弧段，严格取该段弧的弧顶位置。

针对连续圆弧轨迹精度要求高的情况，可尽量把连续圆弧细分化，从而保证运动轨迹及姿态变化。

MOVL VL=100 mm/s PL=0 //直线末端点(圆弧 1 起始点)

MOVC VL=100 mm/s PL=0 POINT=2 //圆弧 1 的第 2 个点

MOVC VL=100 mm/s PL=0 POINT=3 //圆弧 1 的第 3 个点(圆弧 2 的起始点)

MOVC VL=100 mm/s PL=0 POINT=2 //圆弧 2 的第 2 个点

MOVC VL=100 mm/s PL=0 POINT=3 //圆弧 2 的第 3 个点

连续圆弧运动如图 6-20 所示。

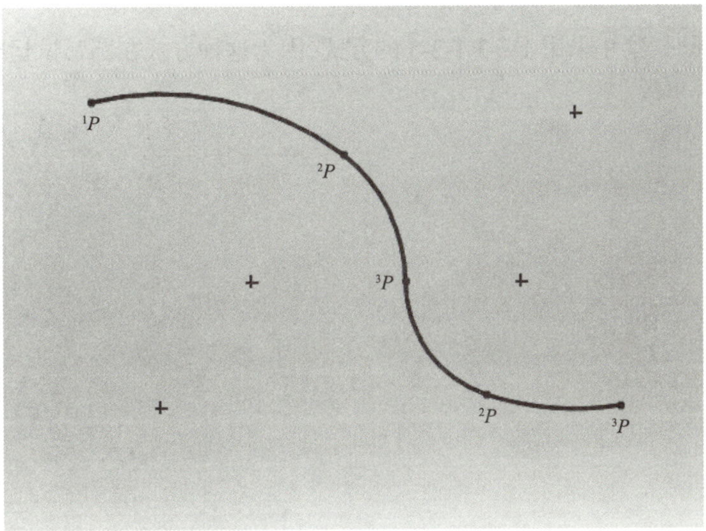

图 6-20　连续圆弧运动

焊接程序列表见表 6-5。

表 6-5　焊接程序列表

程序行指令	说明
MOVJ VJ=50% PL=9 TOOL=2	在工具坐标系 TOOL=2 内，按照 MOVJ 关节运动方式，相对速度为 50%，平滑度为 9，到达准备点
MOVJ VJ=50% PL=9 TOOL=2	工具坐标系 TOOL=2，MOVJ 关节运动，相对速度为 50%，平滑度为 9，靠近工件
MOVL VL=100 mm/s PL=0 TOOL=2	工具坐标系 TOOL=2，MOVL 直线运动，速度为 100 mm/s，平滑度为 0，接触到工件
ARCSTART#(0)	起弧，0 号焊接工艺开始
MOVC VL=100 mm/s PL=0 TOOL=2　POINT=1	工具坐标系 TOOL=2，MOVC 关节运动，速度为 100 mm/s，平滑度为 0，圆弧第 1 个点，焊接加工轨迹，该点与上一点位置一样
MOVC VL=100 mm/s PL=0 TOOL=2　POINT=2	工具坐标系 TOOL=2，MOVC 关节运动，速度为 100 mm/s，平滑度为 0，圆弧第 2 个点，焊接加工轨迹

续表

程序行指令	说明
MOVC VL=100 mm/s PL=0 TOOL=2 POINT=3	工具坐标系 TOOL=2，MOVC 关节运动，速度为 100 mm/s，平滑度为 0，圆弧第 3 个点，焊接加工轨迹
MOVC VL=100 mm/s PL=0 TOOL=2 POINT=2	工具坐标系 TOOL=2，MOVC 关节运动，速度为 100 mm/s，平滑度为 0，圆弧第 2 个点，焊接加工轨迹
MOVC VL=100 mm/s PL=0 TOOL=2 POINT=3	工具坐标系 TOOL=2，MOVC 关节运动，速度为 100 mm/s，平滑度为 0，圆弧第 3 个点，焊接加工轨迹
ARCEND#(0)	收弧，0 号焊接工艺结束
MOVJ VJ=50% PL=9 TOOL=2	工具坐标系 TOOL=2，MOVJ 关节运动，速度为 50%，平滑度为 9，离开工件
MOVJ VJ=50% PL=9 TOOL=2	工具坐标系 TOOL=2，MOVJ 关节运动，速度为 50%，平滑度为 9，回到准备点

注意：编辑连续圆弧时，禁止采用 1-2-3-1-2-3 的方式，因为这种方式在圆弧试运行时会出现无法预知的轨迹，可能会造成撞枪等事故。

任务四　摆焊功能的示教及实例

1. 设置焊接摆动参数

该操作主要设置焊接较宽焊缝时需要的摆动参数。

如图 6-21 所示，依次点击“用户工艺”→“焊接工艺”→“焊接装置”→“焊接摆动”，进入如图 6-22 所示焊接摆动设置窗口。

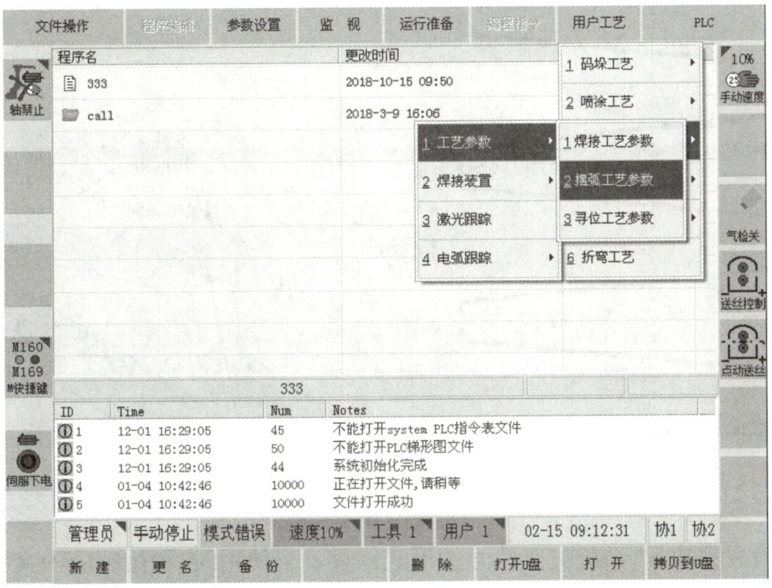

图 6-21　调出焊接摆动设置窗口操作

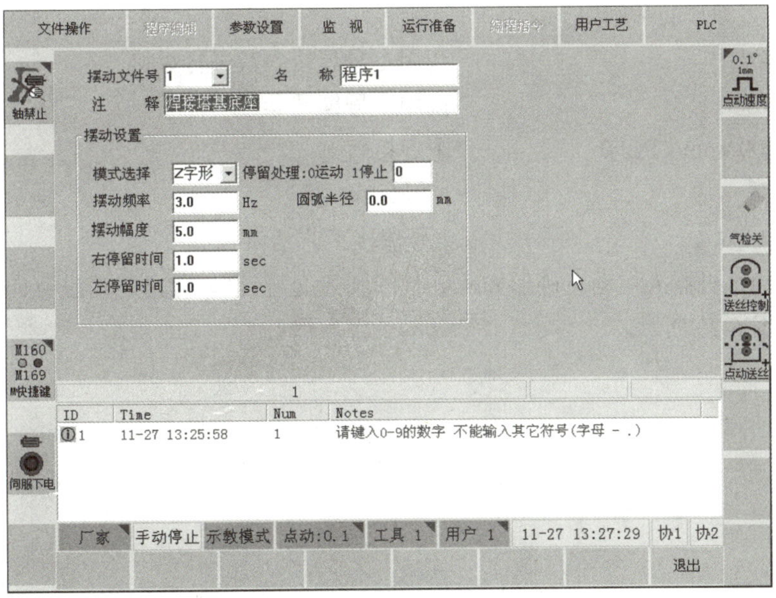

图 6-22　焊接摆动设置窗口

在图 6-22 中，“摆动文件号”选择文件号（范围 0~9），一个号对应一组焊接参数；可在“名称”和“注释”栏中输入对于该参数的一些注释信息，以方便操作人员直观了解焊接的摆动情况；在“摆动设置”栏中依次选择或输入“模式选择”“摆动频率”“摆动幅度”“左停留时间”“右停留时间”“圆弧半径”的对应值，再点击“退出”按键即可。

模式选择：设置摆动的模式，如“Z 字形”（Z 字摆）、“圆弧形”（圆弧摆），如图 6-23 和图 6-24 所示。

摆动频率：设置每秒摆动的次数，单位为 Hz。

摆动幅度：设置单边摆动的距离，单位为 mm。

左停留时间：设置摆动到左边顶点时的停留时间，单位为 s。

右停留时间：设置摆动到右边顶点时的停留时间，单位为 s。

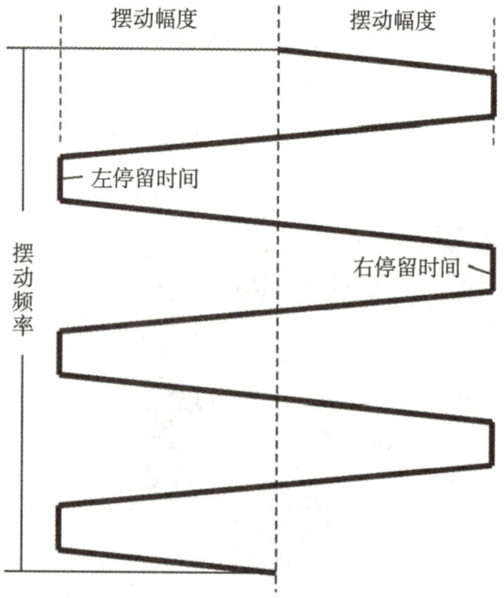

图 6-23　Z 字摆弧示意

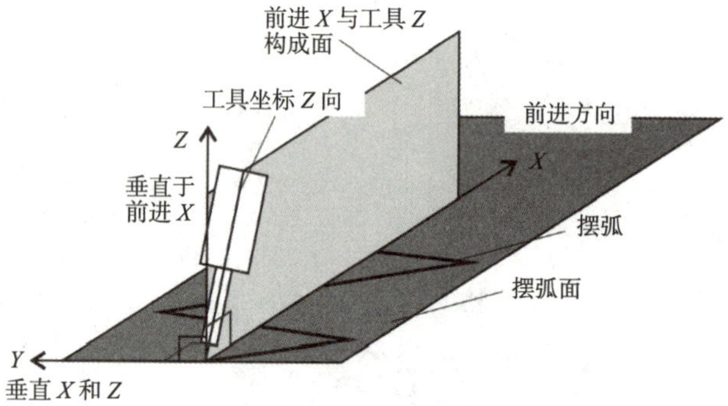

图 6-24　摆弧坐标系

说明：摆动参数设置完成后，系统按文件号的形式储存。当使用时，调用相应的文件号即可，一个程序中可采用多组焊接摆动参数。

摆弧都是基于摆弧坐标系摆动的，当前进方向为圆弧时，则 X 向为法线方向。

在程序中使用焊接参数的示例如下：

ARCSTART#1	调用 1 号焊接参数进行焊接
WEAVESINE #1	调用 1 号摆动参数
MOVL VL100=mm/s PL=0	走焊接轨迹
WEAVEEND	摆动结束
ARCEND #1	1 号焊接工艺结束

在进行圆弧摆弧时，机器人运动轨迹形如螺旋状的圆弧交替，摆动方向与前进方向垂直，摆动面与工具坐标系 Z 轴垂直，如图 6-25 所示。

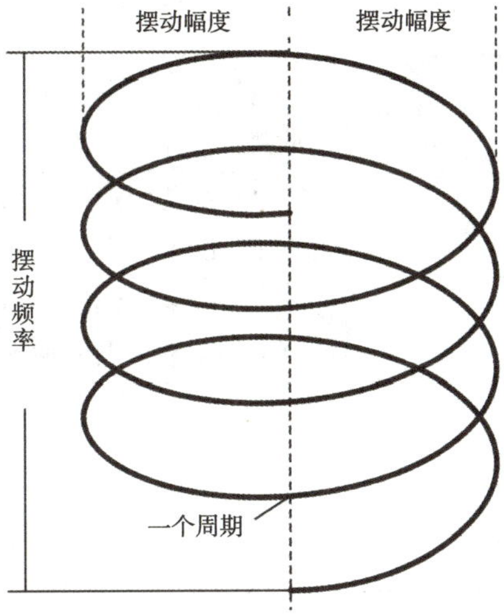

图 6-25　圆弧摆弧示意

2. 焊接编程举例

在完成上述步骤后,即可进行焊接编程。

以图 6-26 所示的焊接工件为例,其焊接程序见表 6-6。

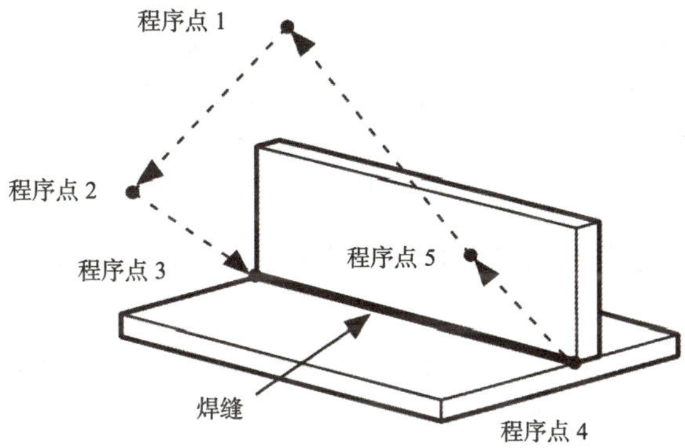

图 6-26　焊接编程实例

表 6-6　焊接程序

程序行指令	说明
MOVJ VJ=50% PL=9 TOOL=2	在工具坐标系 TOOL=2 内,按照 MOVJ 关节运动方式,相对速度为 50%,平滑度为 9,移动到程序点 1,到达准备点
MOVJ VJ=50% PL=9 TOOL=2	工具坐标系 TOOL=2, MOVJ 关节运动,相对速度为 50%,平滑度为 9,移动到程序点 2,靠近工件
MOVJ VJ=25% PL=0 TOOL=2	工具坐标系 TOOL=2, MOVJ 关节运动,相对速度为 25%,平滑度为 0,移动到程序点 3,接触工件
ARCSTART#(0)	起弧,0 号焊接工艺开始
WEAVESINE #1	调用 1 号摆动参数
MOVL VL=100.0 mm/s PL=0 TOOL=2	工具坐标系 TOOL=2, MOVL 直线运动,相对速度为 100 mm/s,平滑度为 0,移动到程序点 4,焊接加工轨迹
WEAVEEND	摆动结束

续表

程序行指令	说明
ARCEND#(0)	收弧
MOVJ VJ=50% PL=9 TOOL=2	工具坐标系 TOOL=2，MOVJ 关节运动，相对速度为 50%，平滑度为 9，移动到程序点 5，离开工件
MOVJ VJ=50% PL=9 TOOL=2	工具坐标系 TOOL=2，MOVJ 关节运动，相对速度为 50%，平滑度为 9，移动到程序点 1，回到准备点

3. 程序示教说明

（1）处于待机位置的程序点 1，要处于与工件、夹具不干涉的位置。

（2）程序点 5 在向程序点 1 移动时，也要处于与工件、夹具不干涉的位置。

（3）示教程序点 3 到程序点 4，即焊接段时，焊丝与前进 *X* 向构成面需垂直焊接成型面，否则摆弧坐标的 *Y* 向成型面不平行，摆弧将一边高、一边低，如图 6-27 所示。

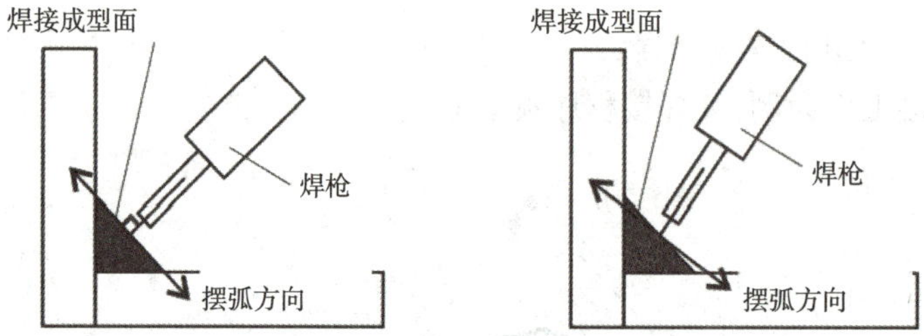

图 6-27　成型面位置关系

（4）再现时，焊丝伸出的长度要和示教时焊丝伸出的长度相同，采用点动送出焊丝，并剪取适当长度（10 mm 左右）的焊丝。

（5）在示教中，焊丝因和工件接触发生弯曲时，应把焊丝送出 50~100 mm，剪取适当的长度，再继续示教。

（6）示教结束后，进行试运行，确认轨迹是否正确。

任务五　多层多道的示教及实例

1. 概述

多层多道是多层多道焊的简称是对相同的焊接轨迹进行不同的偏移，从而实现对同一焊缝的反复焊接，使焊缝尺寸增大的一种焊接方式。

多层多道广泛应用于中厚板焊接中的角焊缝与坡口焊缝，如工程机械钢结构的连接焊缝等。只需要示教打底的轨迹，再输入对应偏移量，就可以自动生成填充层、盖面层等的焊接轨迹，从而减小编程的工作量。多层多道编程的主要特点如下：

（1）编程简单，只进行一次基础编程；

（2）适应性强，可以对每一道焊接轨迹的焊接工艺参数、摆焊参数进行单独设置；

（3）兼容性高，可以对每一条焊缝轨迹的偏移量（X、Y、Z）、焊枪角度进行单独设置；

（4）可与其他功能进行嵌套组合。

2. 多层多道的设置

多层多道设置界面如图 6-28 所示。

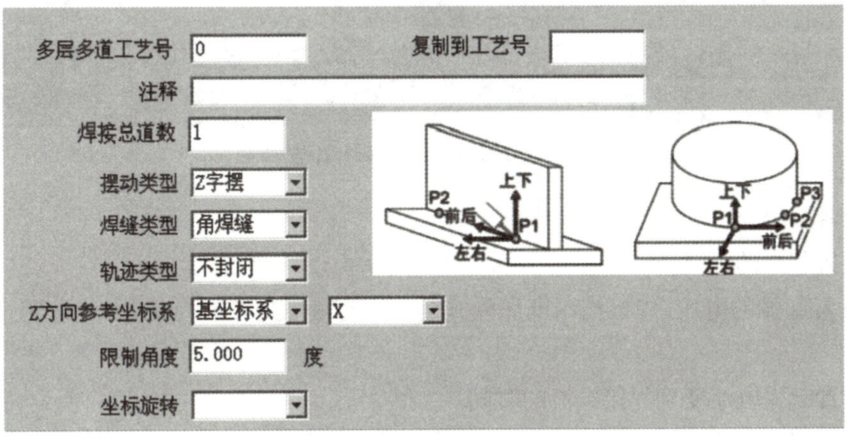

图 6-28　多层多道设置界面

多层多道工艺号：多层多道的参数组号设置，由程序指令 MP 调用，范围为 0~999。

复制工艺号：将一个参数组号中的参数设置复制到另一个参数组号中。

注释：对当前的参数组号进行注释，方便观察当前工艺号对应的焊道条件。

焊接总道数：设置焊接的层道数，下一页界面会根据此焊接总道数生成对应的设置值。

摆动类型：设置当前参数组的摆动类型。

焊缝类型：选择不同的焊缝形式，对应不同的坐标算法。

轨迹类型：该参数分为“封闭”和“不封闭”，根据不同的轨迹选择不同的轨迹类型。其中，“不封闭”用于两点直线、起点与终点不进行封闭连接等场景；“封闭”用于整圆、正方形等起点与终点及逆行封闭等场景。

Z 方向参考坐标系：可分为基坐标系、协同坐标系，该参数是指定某一坐标下的某一方向，如指定基坐标系+*X*，即+*X* 为偏移 *Z*+方向进行计算。不带协同的通常选择基坐标系+*Z* 方向。

限制角度：（仅在焊缝中生效）设定角焊缝的焊枪限制角度，如设定为 5，即焊枪角度只能在 5°~85° 区间范围内变化，超过后会报警提示。

坐标旋转：在协同状态下使用，将偏移坐标沿着 *X* 方向进行一个旋转，达到想要偏移的方向。

多层多道焊接参数设置界面如图 6-29 所示。

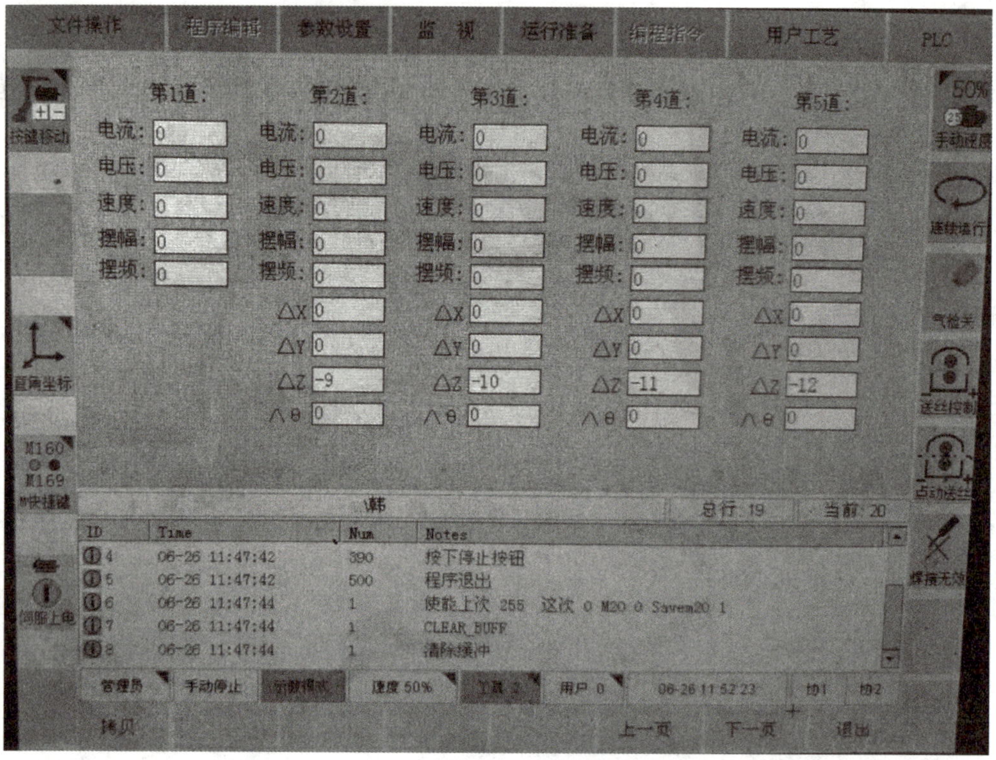

图 6-29 多层多道焊接参数设置界面

多层多道的焊接参数如下。

起弧电流：设置起弧的电流。

起弧电压：设置起弧的电压，焊机控制电压模式为“一元”时，此参数为一元；若为“分别”时，即电压参数为分别模式。

起弧时间：设置起弧电流变到焊接电流的时间。

焊接电流：设置焊接电流。

焊接电压：设置焊接电压（“一元”和“分别”模式与起弧电压同理）。

焊接速度：设置焊接速度，如为“协同”时，焊接速度也是协同速度。

摆动宽度：设置摆动的单边摆动宽度。

摆动频率：设置摆动频率。

左停留时间：设置摆动左侧的停留时间。

有停留时间：设置摆动右侧的停留时间。

停留方式：设置两端停留的方式。

焊接线前后：以示教点轨迹为基准，整体轨迹偏移前后方向，焊接方向为正，反之为负，如图 6-30 所示。

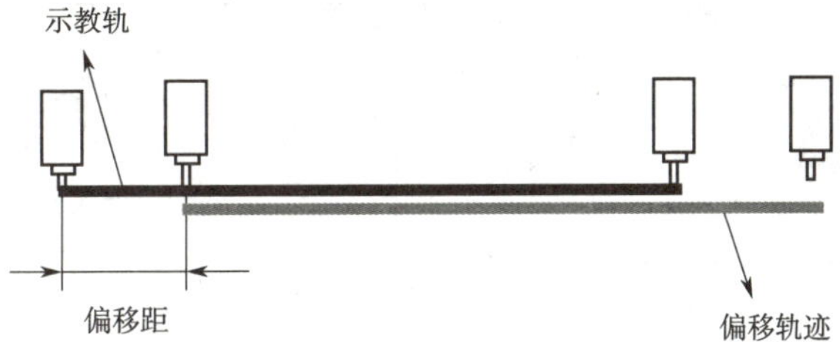

图 6-30　示教轨迹与偏移轨迹示例

焊接线上下:以示教点轨迹为基准偏移轨迹上下方向,以图 6-31 为例(选择不同的焊缝形式,对应不同的算法坐标系)。

焊接线左右:以示教点轨迹为基准偏移轨迹左右方向,以图 6-31 为例(选择不同的焊缝形式,对应不同的算法坐标系)。

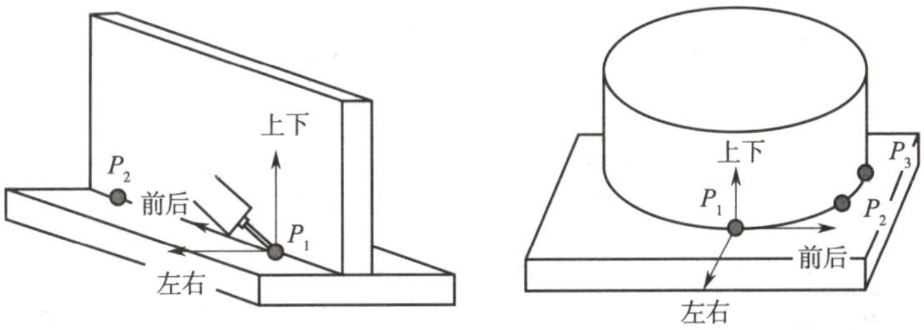

图 6-31　焊接线前后、上下、左右定义

例如,图 6-32 所示角焊缝中 3 道焊缝目标位置的平移量,以示教点第 1 道为基准进行设定,其中焊接线左右为+5 mm,焊接线上下为+5 mm。(焊接线前后、上下、左右可以相加共同偏移一个点)

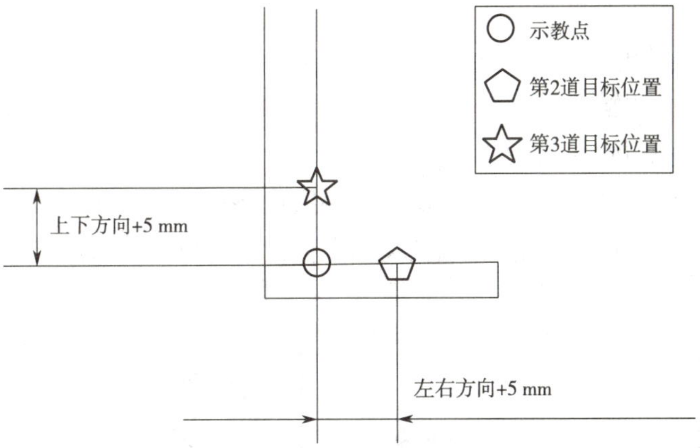

图 6-32　角焊缝示例

又如,图 6-33 所示 V 形坡口焊缝中 3 道焊缝目标位置的平移量,以示教点第 1 道为基准进行设定,其中焊接线左右为−5 mm、焊接线上下为+8 mm。(焊接线前后、上下、左右可以相加共同偏移一个点)

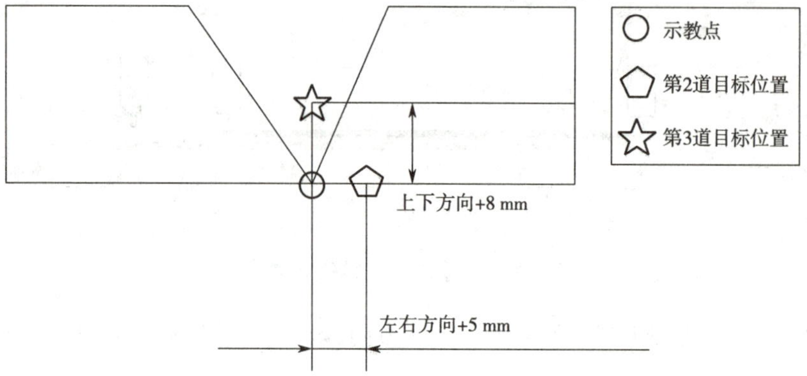

图 6-33　V 形坡口焊缝示例

梯形开始/梯形结束：在进行多层多道焊时，使每个焊道向焊接的开始点、结束点移动，并使焊道的端部呈阶梯状排列，如图 6-34 所示。由于各个焊道的电弧 ON 点、电弧 OFF 点凑到一起易出现焊接不良，因此在每个焊道上使这些点平移，以便错开焊道的焊缝减少焊接不良的产生。

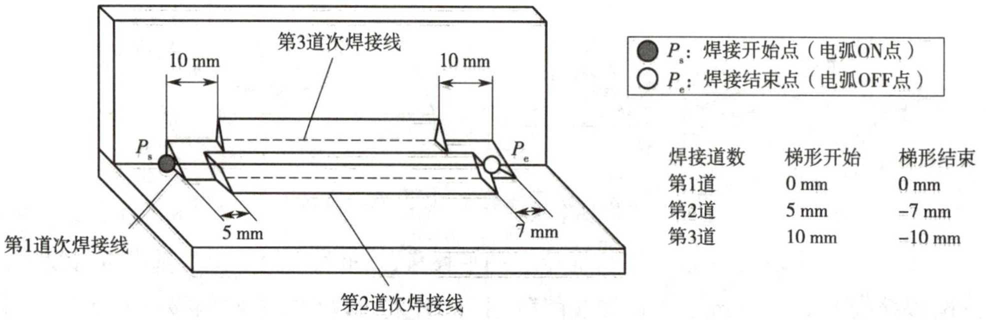

图 6-34　梯形开始/梯形结束设置

收弧电流：设置收弧时的电流。

收弧电压：设置收弧时的电压。

收弧时间：设置保持收弧电流/电压的时间。

焊接倾斜角：焊枪角度是焊接条件中的重要因素，可通过调整其数值设定焊枪角度。例如，在进行多层堆焊的时候，每层焊接的焊枪角度（层角）可以变化为数值设定的角度，且需要在设定模式下运行，如图 6-35 所示。

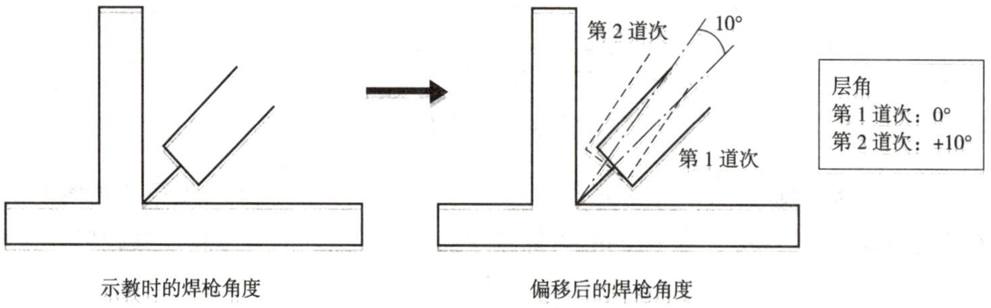

图 6-35　焊枪角度的变化

焊接前进/后退角度：以示教第 1 道次的焊枪角度进行前进/后退角度的变化，如图 6-36 所示。

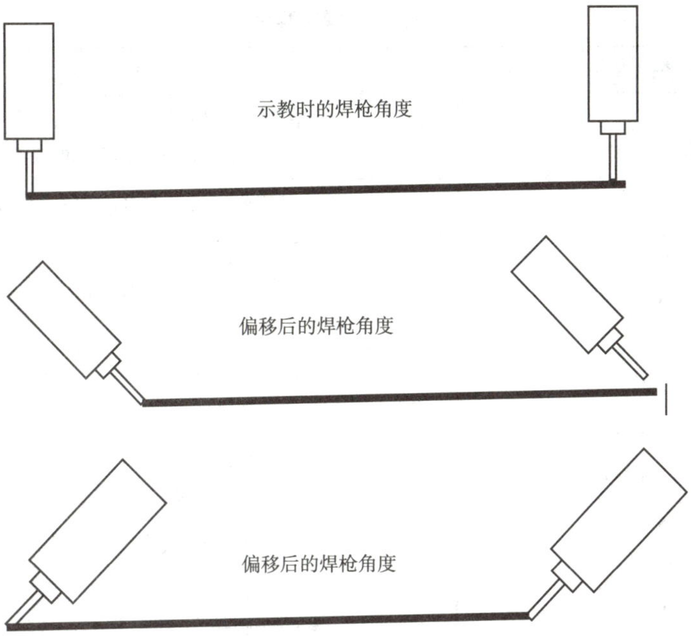

图 6-36　焊枪角度前进/后退角度变化

注意:所有点位都会相应改变焊枪角度,且焊接前进/后退/倾斜角可叠加。如叠加,都应按照示教第 1 点进行角度偏移。从第 1 道次开始,对应轨迹由第 1 道次的基础轨迹按照设置的偏移参数生成。当使用多层多道指令后,焊接电流、电压、速度、幅度和频率,都按照多层多道工艺设置的参数给定,其他位置设置的参数暂时无效。当多层多道工艺中参数设置为 0 时,程序使用其他相关工艺中的参数。

以图 6-37 所示的圆柱的增材为例,其焊接程序见表 6-7。

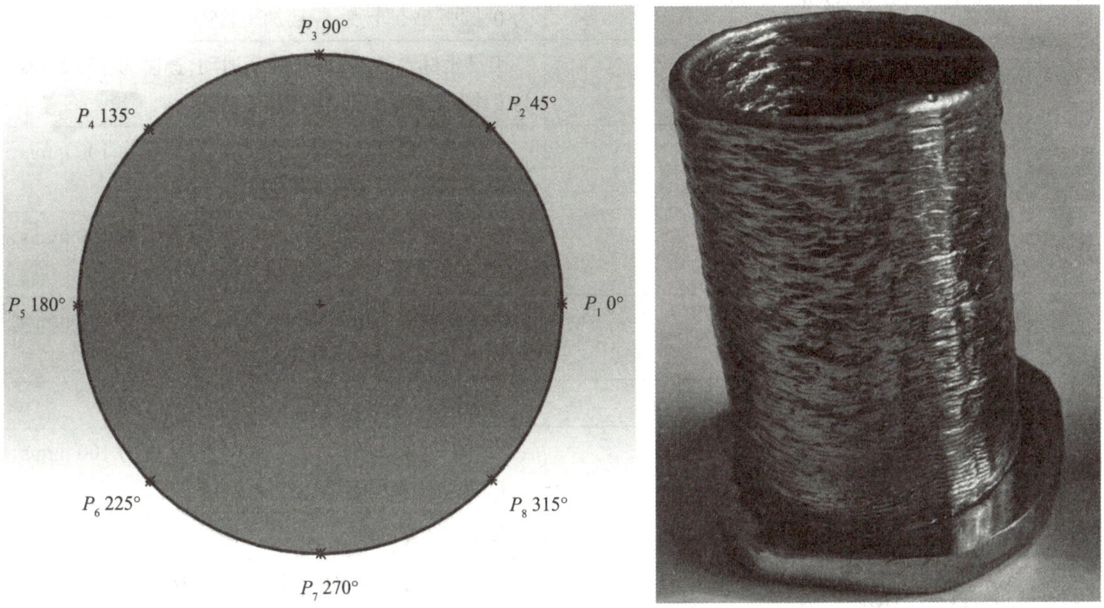

图 6-37　圆柱的增材示例

表 6-7 焊接程序

程序行指令	说明
MOVJ VJ=50% PL=9 TOOL=2	在工具坐标系 2 内，按照 MOVJ 关节运动方式，相对速度为 50%，平滑度为 9，到达准备点。
MOVJ VJ=50% PL=9 TOOL=2	工具坐标系 2，MOVJ 关节运动，相对速度为 50%，平滑度为 9，靠近工件
MOVJ VJ=50% PL=9 TOOL=2	工具坐标系 2，MOVJ 关节运动，相对速度为 50%，平滑度为 9，靠近工件
MP(0)2-5	调用多层多道指令，0 表示 0 号，2-5 表示从第二道到第五道
MOVL VL=100.0 mm/s PL=0 TOOL=2	工具坐标系 2，MOVL 直线运动，速度为 100 mm/s，平滑度为 0，接触到工件
ARCSTART#(0)	起弧，0 号焊接工艺开始
MOVC VL=100 mm/s PL=0 TOOL=2 POINT=1	工具坐标系 2，MOVC 关节运动，速度为 100 mm/s，平滑度为 0，圆弧第 1 个点，焊接加工轨迹
MOVC VL=100 mm/s PL=0 TOOL=2 POINT=2	工具坐标系 2，MOVC 关节运动，速度为 100 mm/s，平滑度为 0，圆弧第 2 个点，焊接加工轨迹
MOVC VL=100 mm/s PL=0 TOOL=2 POINT=3	工具坐标系 2，MOVC 关节运动，速度为 100 mm/s，平滑度为 0，圆弧第 3 个点，焊接加工轨迹
MOVC VL=100 mm/s PL=0 TOOL=2 POINT=4	工具坐标系 2，MOVC 关节运动，速度为 100 mm/s，平滑度为 0，圆弧第 4 个点，焊接加工轨迹
MOVC VL=100 mm/s PL=0 TOOL=2 POINT=5	工具坐标系 2，MOVC 关节运动，速度为 100 mm/s，平滑度为 0，圆弧第 5 个点，焊接加工轨迹
MOVC VL=100 mm/s PL=0 TOOL=2 POINT=6	工具坐标系 2，MOVC 关节运动，速度为 100 mm/s，平滑度为 0，圆弧第 6 个点，焊接加工轨迹
MOVC VL=100 mm/s PL=0 TOOL=2 POINT=7	工具坐标系 2，MOVC 关节运动，速度为 100 mm/s，平滑度为 0，圆弧第 7 个点，焊接加工轨迹
MOVC VL=100 mm/s PL=0 TOOL=2 POINT=8	工具坐标系 2，MOVC 关节运动，速度为 100 mm/s，平滑度为 0，圆弧第 8 个点，焊接加工轨迹
MOVC VL=100 mm/s PL=0 TOOL=2 POINT=1	工具坐标系 2，MOVC 关节运动，速度为 100 mm/s，平滑度为 0，圆弧第 1 个点，焊接加工轨迹
ARCEND#(0)	收弧，0 号焊接工艺结束
MOVL VL=100.0 mm/s PL=0 TOOL=2	工具坐标系 2，MOVL 直线运动，速度为 100 mm/s，平滑度为 0，需要比多层多道焊接出来工件高
MPEND	多层多道结束
MOVJ VJ=50% PL=9 TOOL=2	工具坐标系 2，MOVJ 关节运动，速度为 50%，平滑度为 9，回到准备点

任务六　程序示教步骤

1. 新建文件

（1）在示教模式下，在主界面（图 6-28）点击“新建”按键，建立新程序。

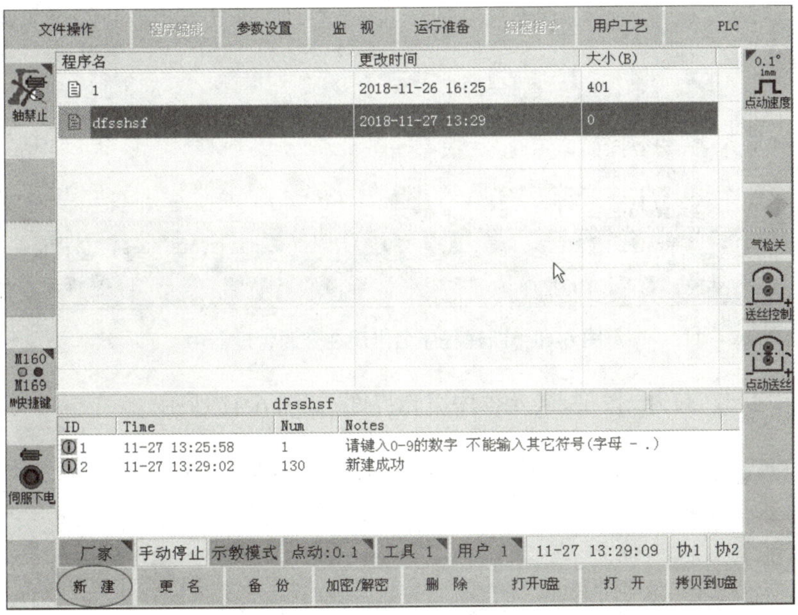

图 6-38　示教模式下主界面

（2）在如图 6-39 所示界面输入新建程序名“ARCLINE”。

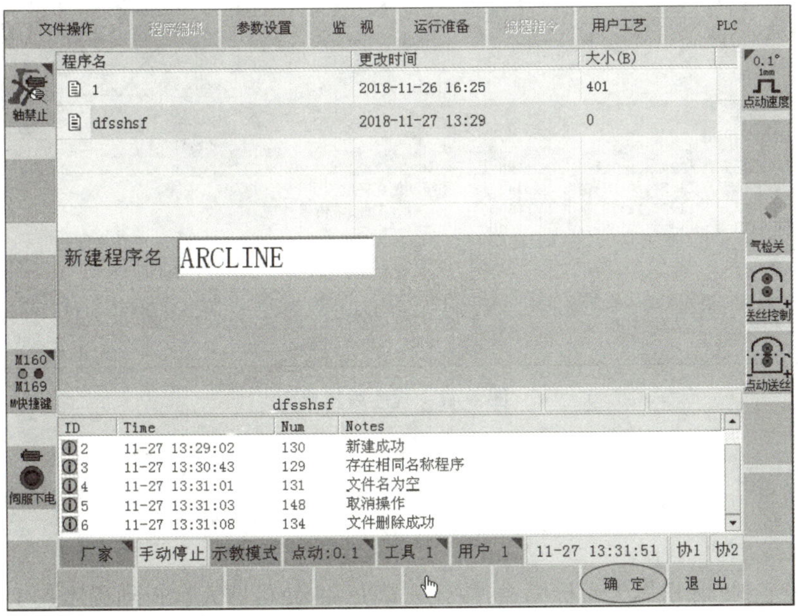

图 6-39　输入新建程序名

（3）在图 6-39 中点击“确定”，新建程序名设置完成，并出现在资源管理器中，如图 6-40 所示。

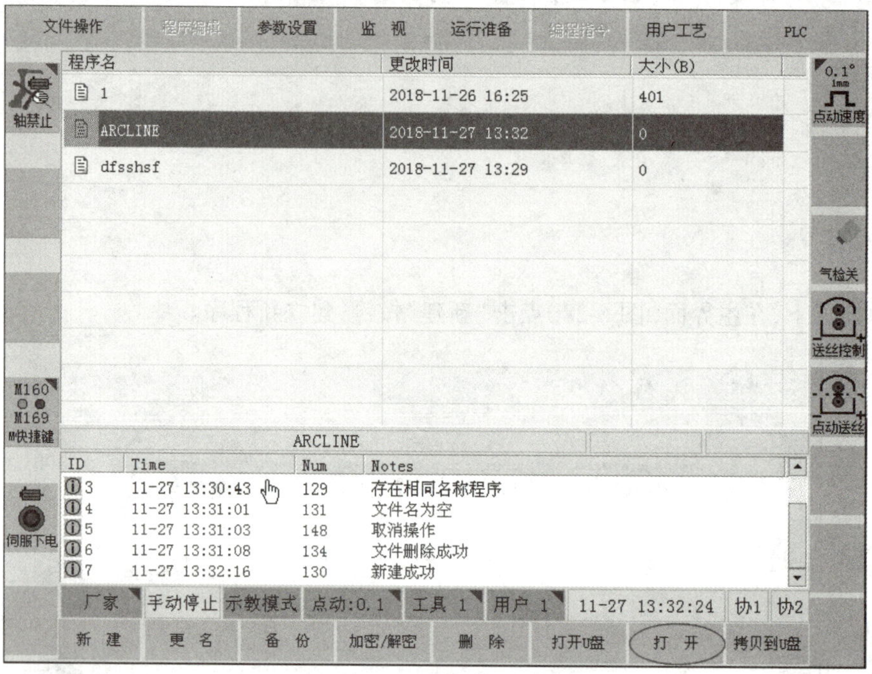

图 6-40 新建程序名出现在资源管理器中

（4）在图 6-40 中点击“打开”按键，进入程序编辑界面，如图 6-41 所示。

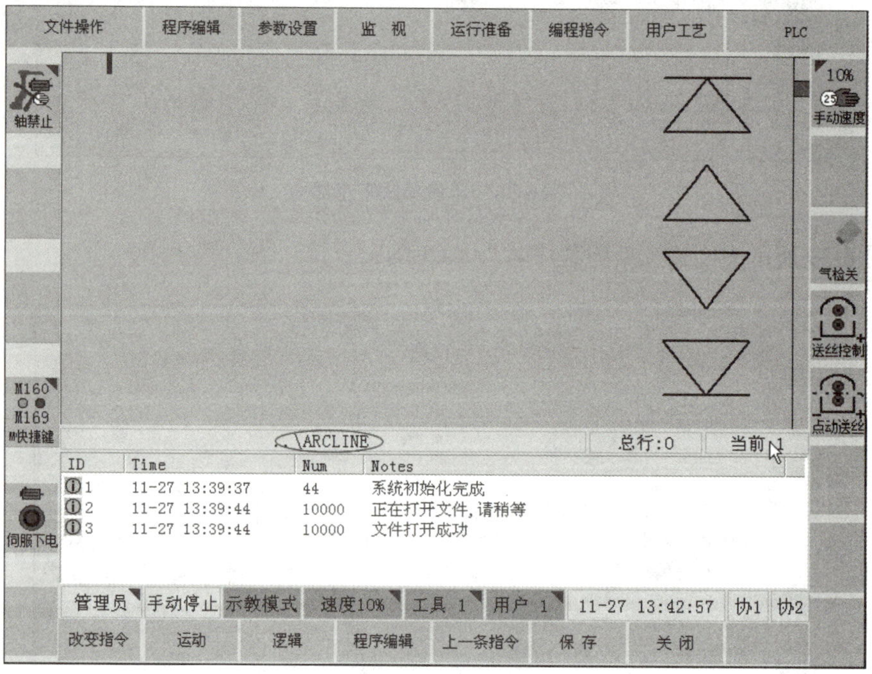

图 6-41 程序编辑界面

2. 程序编程界面

1）程序点 1

调整好手动运行速度和机器人坐标模式，按住安全开关，使机器人运行到程序点 1；在图 6-42 所示界面点击“运动”按键，选择 MOVJ 关节运行方式，并输入相应的运行速度。

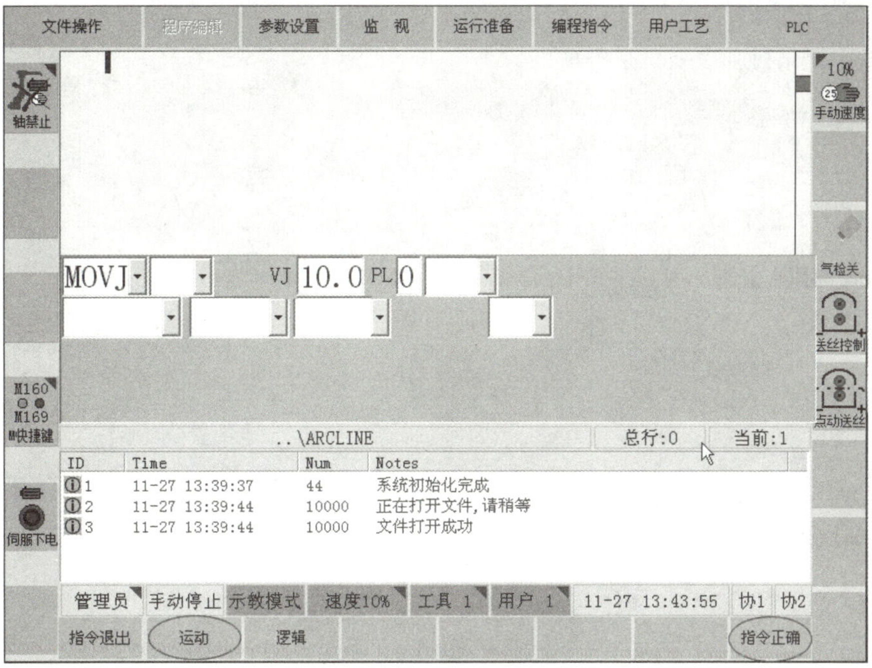

图 6-42　程序点 1 设置

在图 6-42 所示界面点击“指令正确”按键，完成该点记录（此时需按住安全开关），如图 6-43 所示。

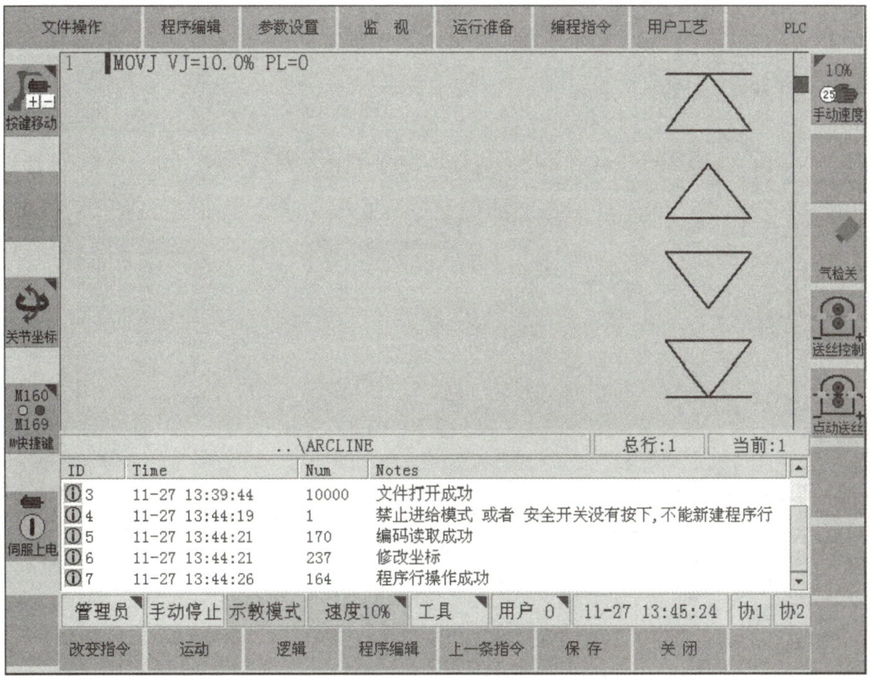

图 6-43　程序点 1 记录完成

2）程序点 2

调整好手动运行速度和机器人坐标模式，按住安全开关，将机器人运行到程序点 2；在图 6-44 所示界面点击“运动”按键，选择 MOVJ 关节运行方式，并输入相应的运行速度。

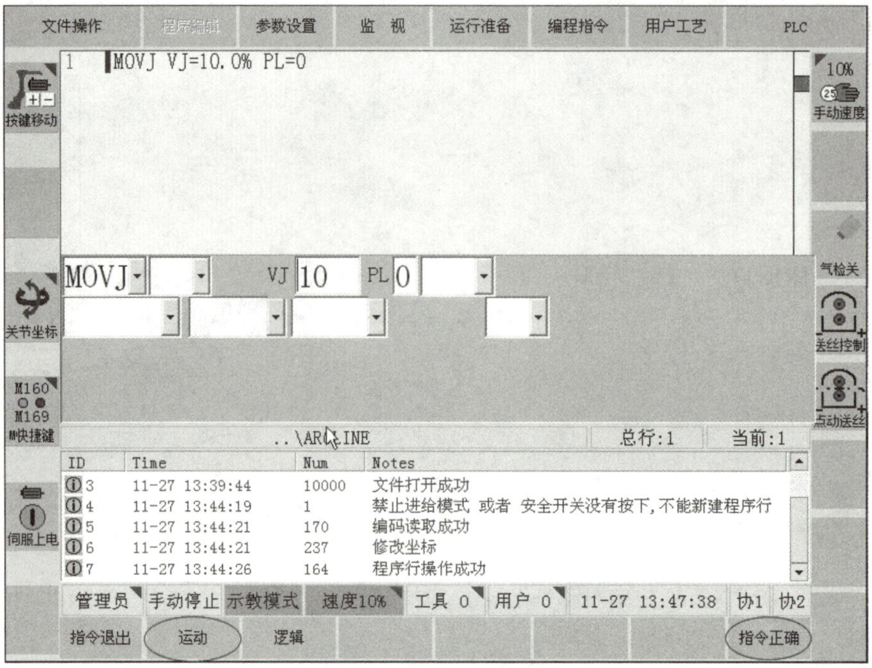

图 6-44　程序点 2 设置

在图 6-44 所示界面点击“指令正确”按键,完成该点记录(此时需按住安全开关),如图 6-45 所示。

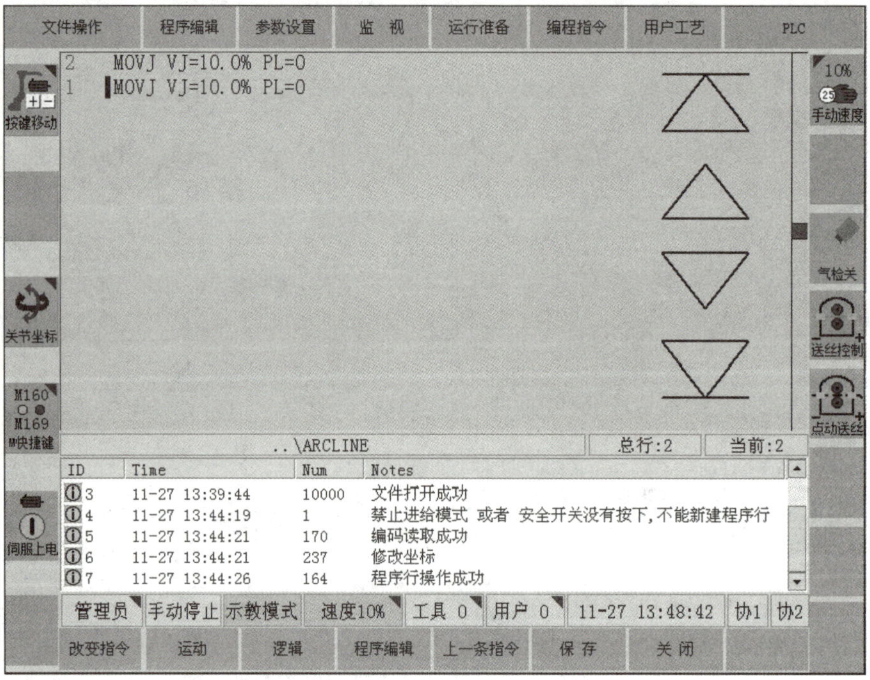

图 6-45　程序点 2 记录完成

3)程序点 3

调整好手动运行速度,机器人在直角坐标模式下,按住安全开关,将机器人运行到程序点 3;在图 6-46 所示界面点击“运动”按键,选择 MOVL 直线运行方式,并输入相应的运行速度。

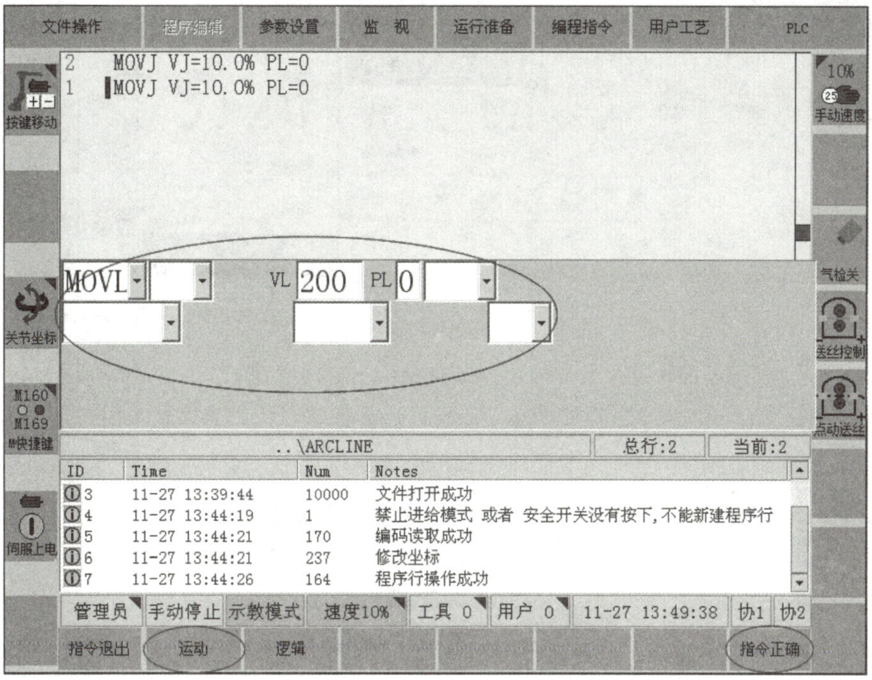

图 6-46 程序点 3 设置

在图 6-46 所示界面点击“指令正确”按键,完成该点记录(此时需按住安全开关),如图 6-47 所示。

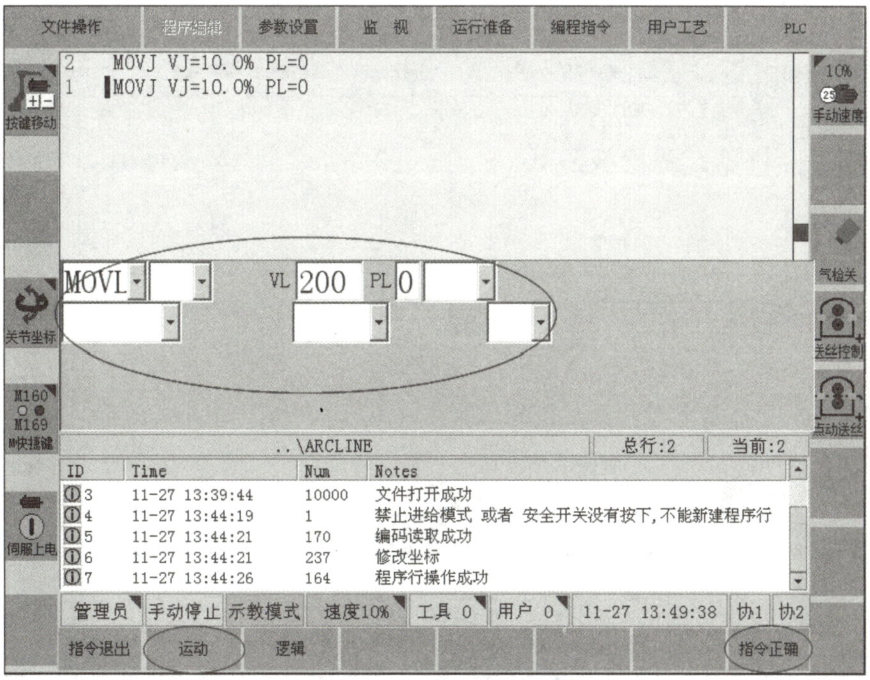

图 6-47 程序点 3 记录完成

注意:该点为焊接起始点,为确保能实现摆动功能,焊丝需与焊接成型面垂直。

4)起弧、摆弧

确定焊接起始点后,需输入起弧和摆弧指令。如图 6-48 所示,在“编程指令”的“焊接”中选择“ARC START”起弧。

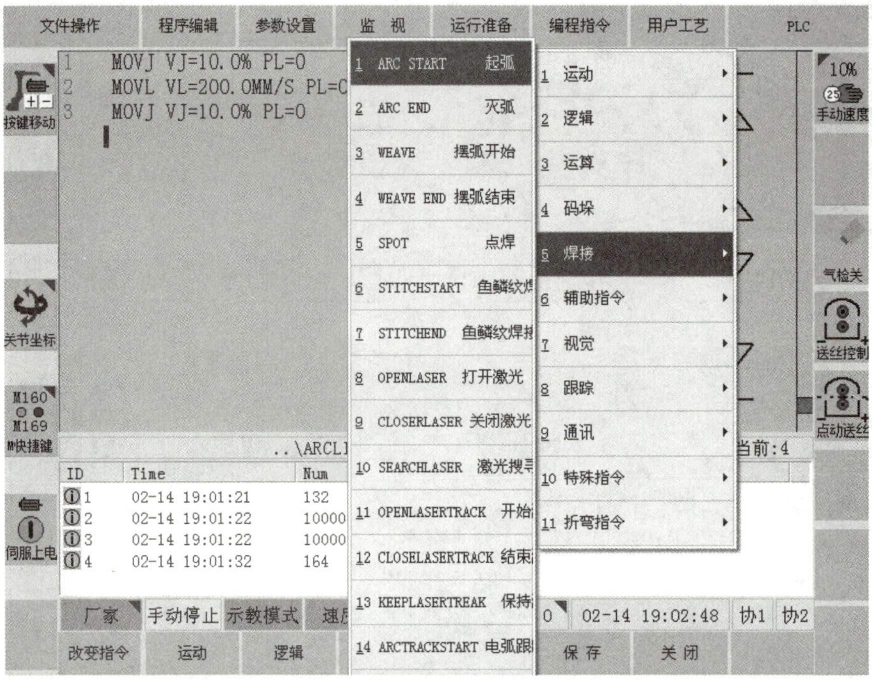

图 6-48　选择“起弧”指令

在图 6-49 所示界面中，在起弧“ARCSTART”指令中输入焊接参数文件号后，点击“指令正确”，完成起弧指令的输入，如图 6-50 所示。

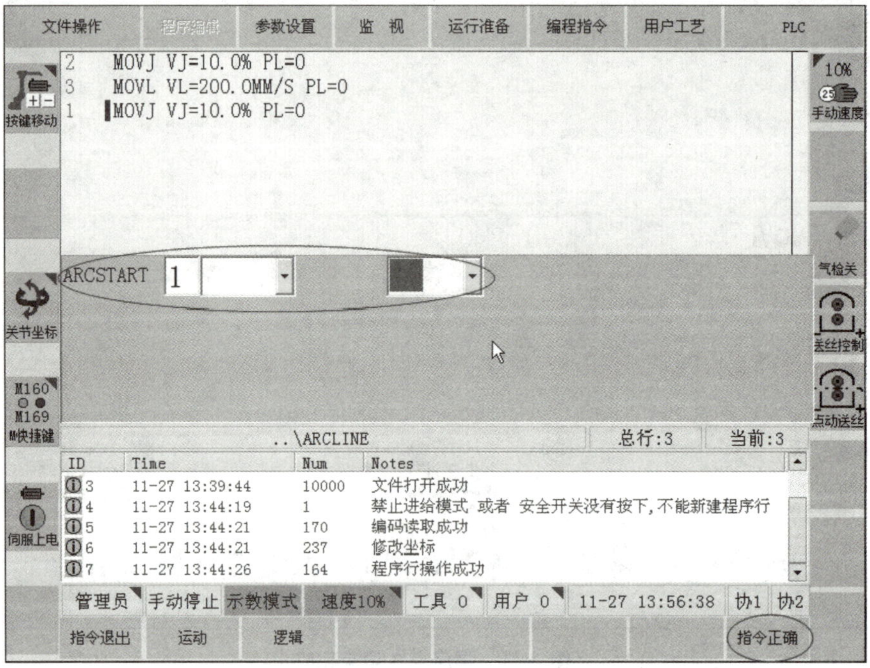

图 6-49　起弧参数设置

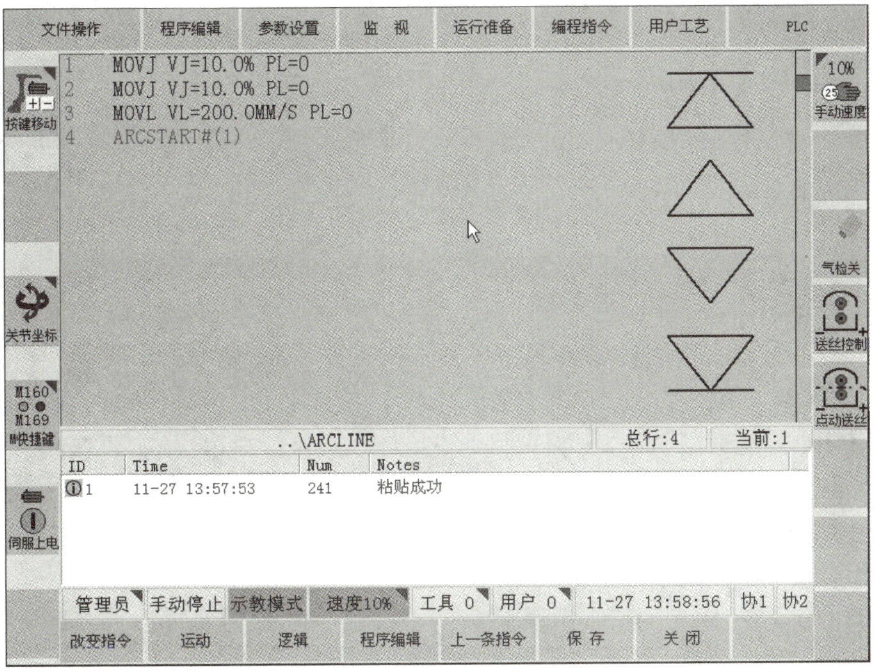

图 6-50 起弧指令输入完成

如图 6-51 所示，在“编程指令”的“焊接”指令中选择“WEAVE 摆弧开始”。

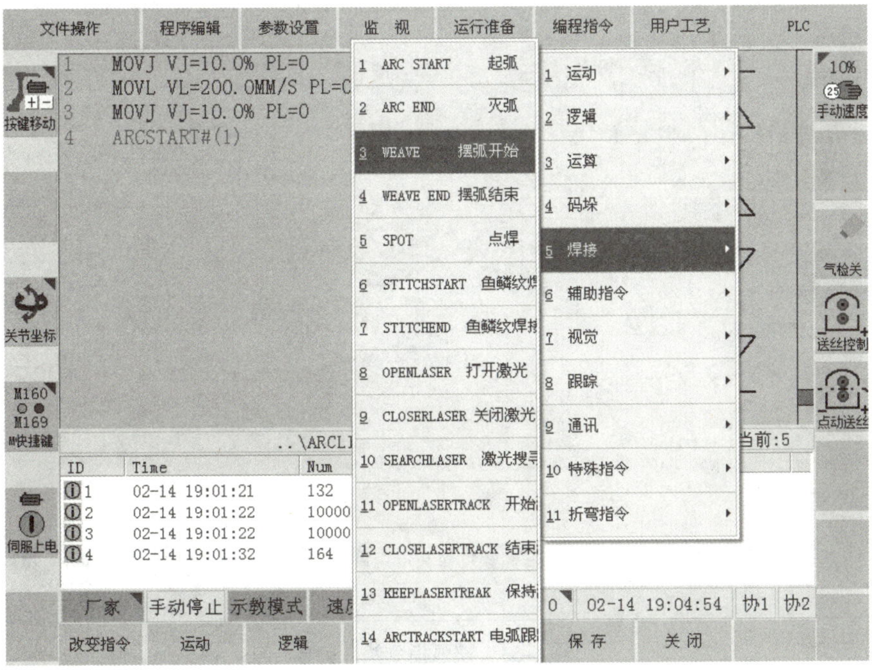

图 6-51 选择“摆弧开始”指令

在图 6-52 所示界面中，在摆弧“WEAVESINE”指令中输入参数文件号后，点击“指令正确”，完成摆弧指令的输入，如图 6-53 所示。

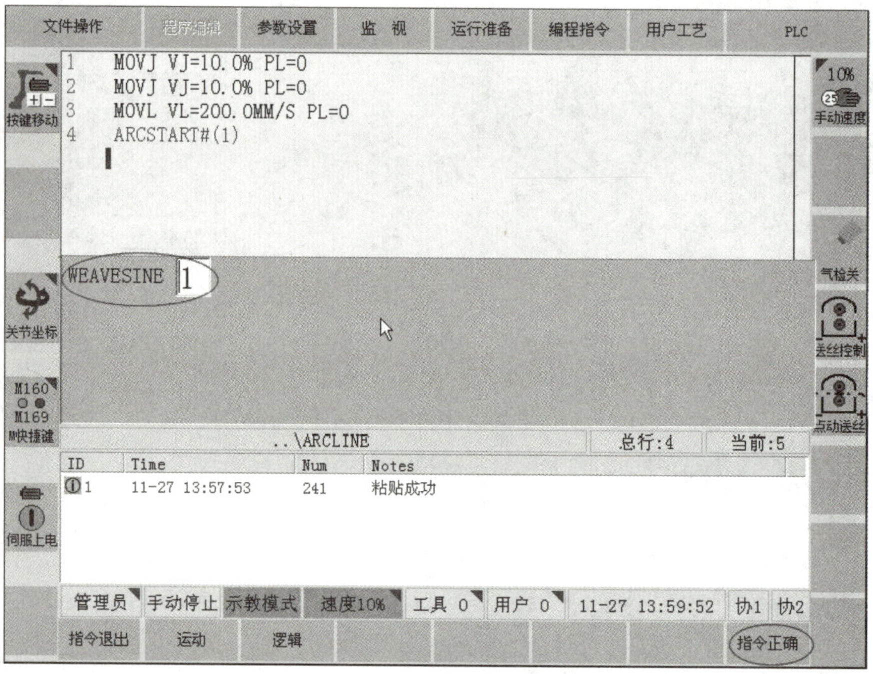

图 6-52 摆弧参数设置

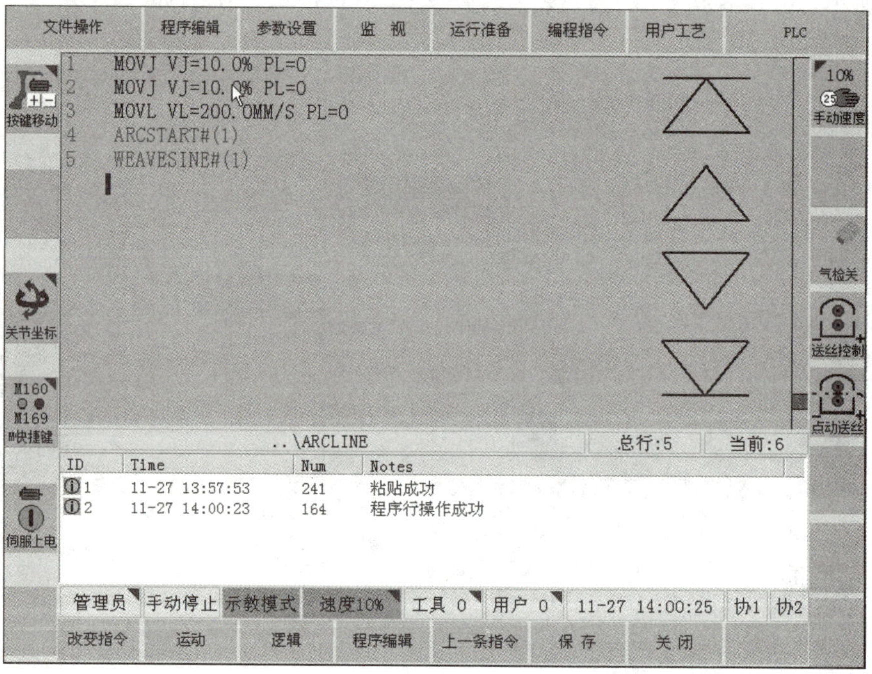

图 6-53 摆弧指令输入完成

5）程序点 4

调整好手动运行速度，并使机器人在直角坐标模式下，按住安全开关，运行机器人到程序点 4。在如图 6-54 所示界面中，点击“运动”，选择直线运行方式“MOVL”，并输入相应的运行速度。

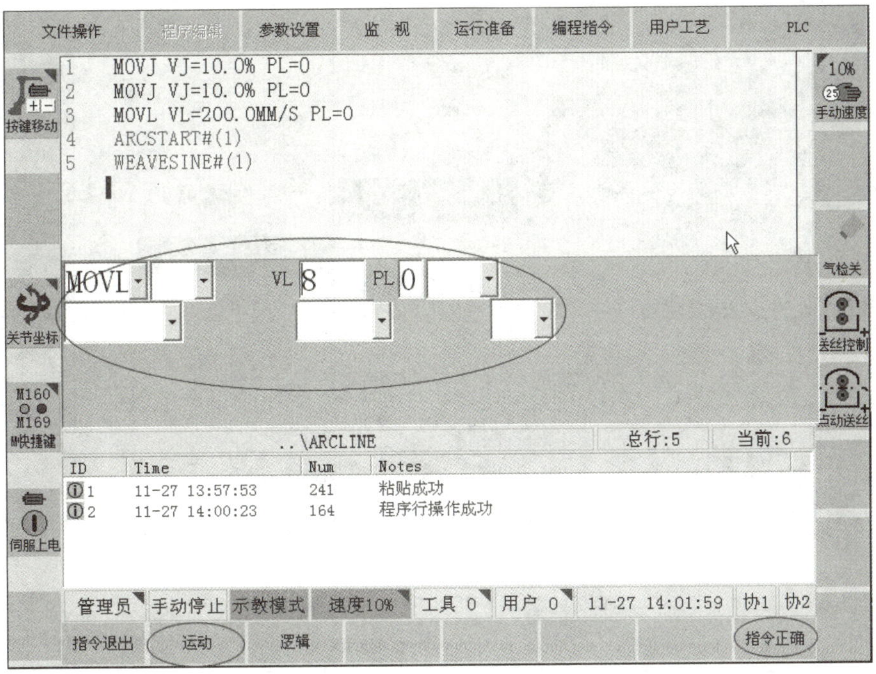

图 6-54　程序点 4 设置

在图 6-54 所示界面中，点击“指令正确”，完成该点记录（此时需按住安全开关），如图 6-55 所示。

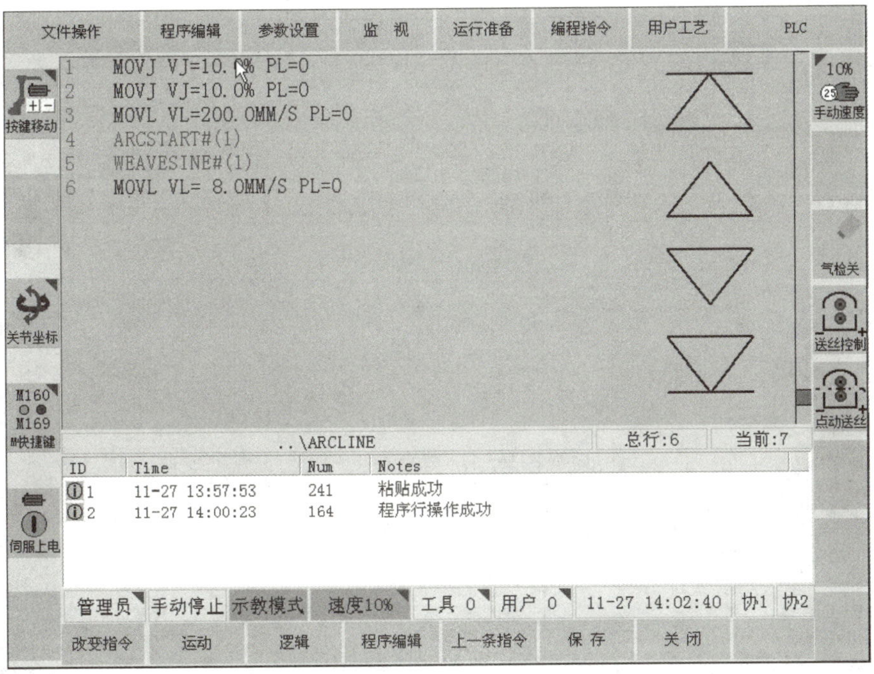

图 6-55　程序点 4 记录完成

注意：该点为焊接结束点，为确保能实现摆动功能，焊丝需与焊接成型面垂直。

6）灭弧、停止摆弧

确定焊接结束点后，需输入停止摆弧和熄弧指令（先停止摆弧，再灭弧）。

如图 6-56 所示，在“编程指令”的“焊接”指令中选择“WEAVE END　摆弧结束”。

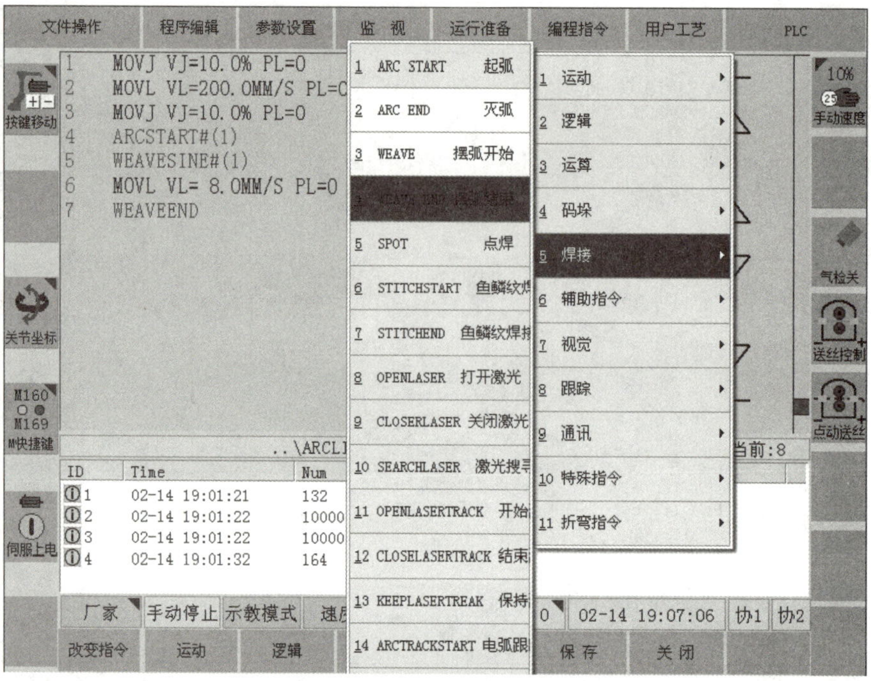

图 6-56　选择“摆弧结束”指令

在图 6-57 所示界面中，点击“指令正确”，完成停止摆弧指令的输入，如图 6-58 所示。

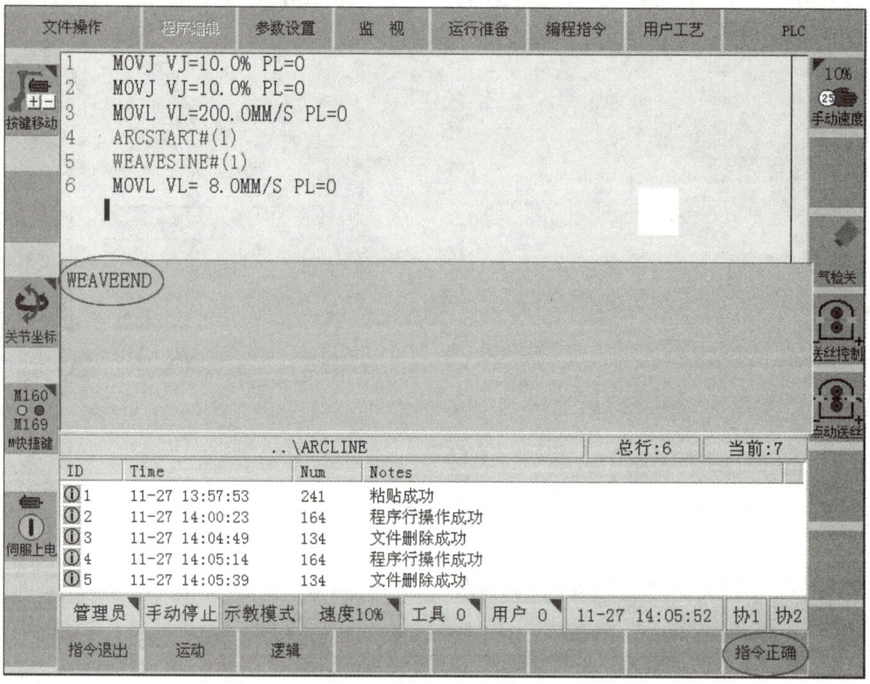

图 6-57　设置“摆弧结束”指令

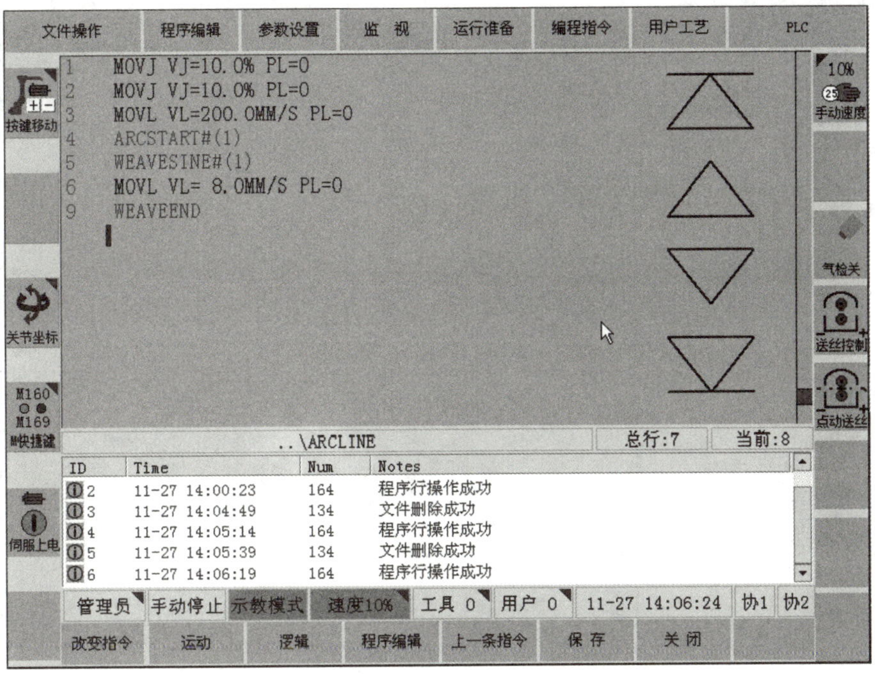

图 6-58　摆弧结束指令输入完成

如图 6-59 所示，在“编程指令”的“焊接”指令中选择“ARC END　灭弧”。

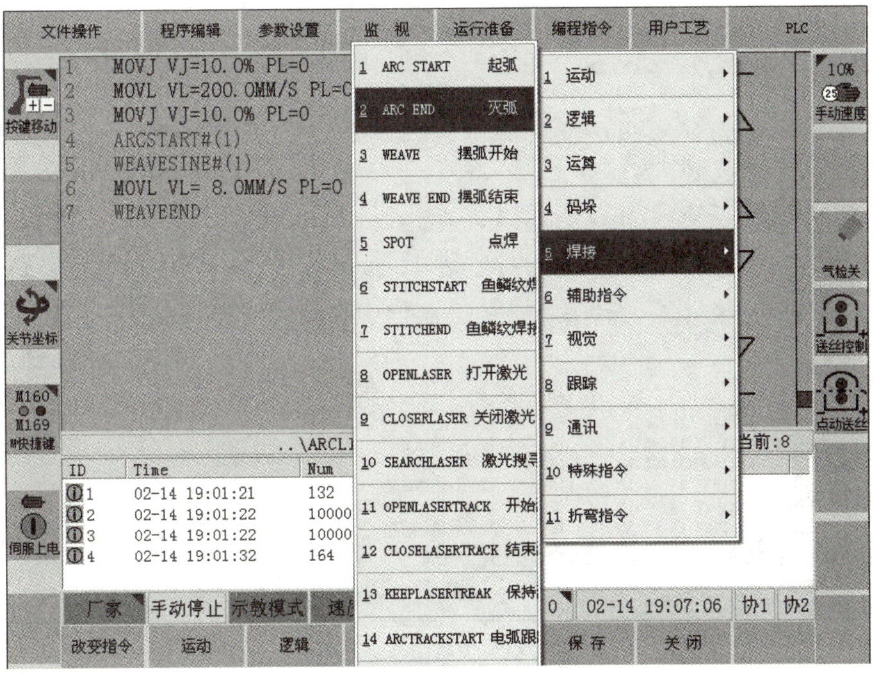

图 6-59　选择“灭弧”指令

在图 6-60 所示界面中，在灭弧“ARCEND”指令中输入焊接参数文件号后，点击“指令正确”，完成灭弧指令的输入，如图 6-61 所示。

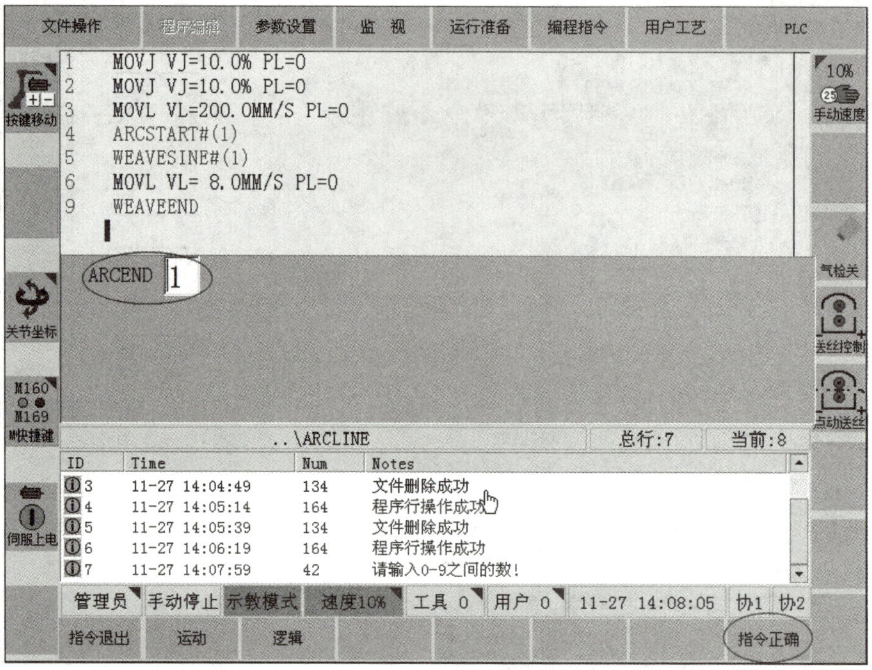

图 6-60 灭弧参数设置

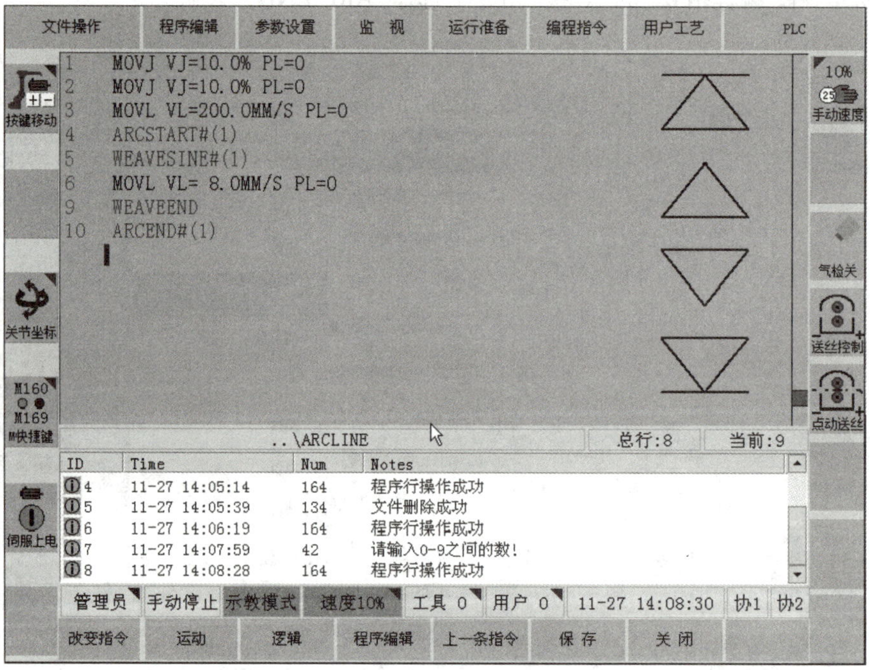

图 6-61 灭弧指令输入完成

7）程序点 5

调整好手动运行速度和机器人坐标模式，按住安全开关，运行机器人到程序点 5。在如图 6-62 所示界面中，点击“运动”，选择关节运行方式“MOVJ”，并输入相应的运行速度。

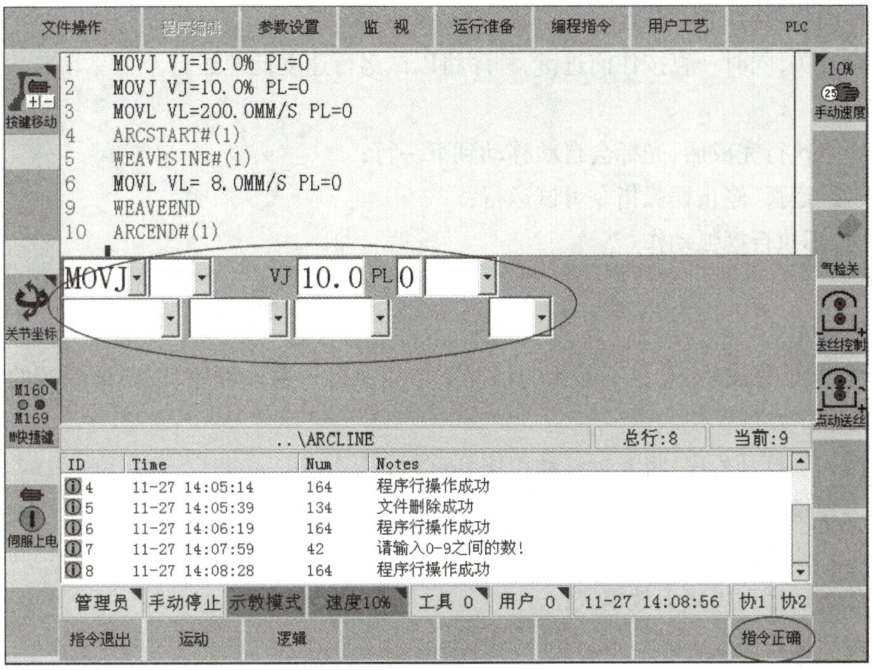

图 6-62　程序点 5 设置

在图 6-62 所示界面中，点击“指令正确”，完成该点记录(此时需按住安全开关)，如图 6-63 所示。

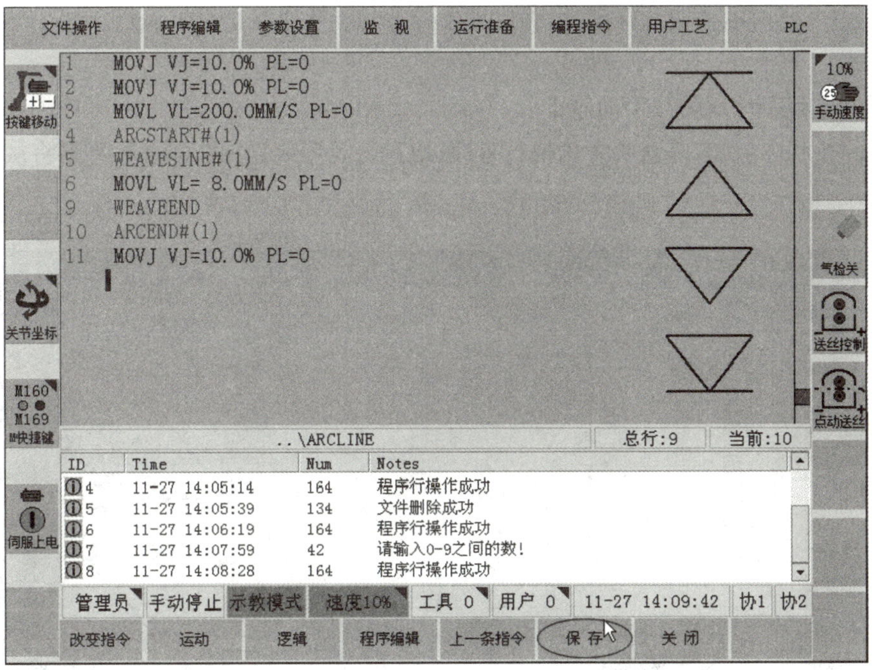

图 6-63　程序点 5 记录完成

至此程序编辑完成，在图 6-63 所示界面中，点击“保存”，以保存该程序。

3. 程序验证及试运行

1)程序验证

程序编辑完成后，需在示教模式下试运行，以检验程序轨迹是否正确，操作方法如下。

(1)在示教模式下，打开编辑完成的程序。

(2)将光标移动到对应的程序行。

(3)按住安全开关,同时一直按住前进键,程序将以试运行速度低速运行。

说明:

(1)当前程序行执行完成后,光标会自动移动到下一行;

(2)起弧、灭弧、摆弧、停止摆弧指令可试运行;

(3)试运行时,不执行摆弧动作。

2)程序再现

Ⅰ.不起弧空运行

在程序试运行验证完成后,需在不起弧的情况下自动执行一遍该程序,以验证焊接的实际速度和摆弧动作是否正确,操作方法如下:

(1)在示教模式下打开程序,将光标移动程序到首行;

(2)切换到再现模式;

(3)调整好运行速度和运行方式;

(4)将起弧状态切换到焊接无效模式;

(5)按前进键启动程序。

在空运行期间应特别注意以下事项,否则有可能发生人身安全事故或设备故障;

(1)运行程序前,必须确保机器人周边无人员;

(2)运行程序前,必须确保机器人周边无干涉情况;

(3)运行过程中,随时准备按急停键,以确保发生异常时能快速终止机器运行。

说明:

(1)中途要停止程序时,点击“手动停止”;

(2)在中途停止程序后,若需从头开始执行程序,应进行程序复位(图6-64),否则将从停止处继续运行程序。

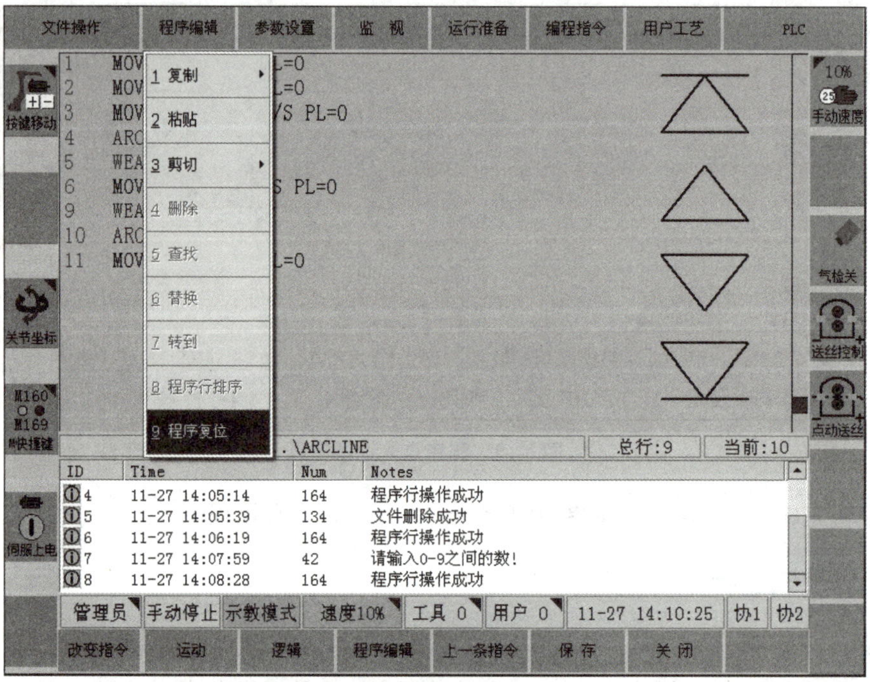

图6-64 进行程序复位

Ⅱ.起弧运行

在焊接的实际速度和摆弧动作验证完成后,即可进行实际焊接。

(1)摆弧思路:摆弧需要两个条件,一是工具坐标 Z 方向,决定摆弧 Z 方向;二是机器人末端前进方向,决定摆弧的 X 方向。摆弧面垂直于 Z 向,摆动方向垂直于 X 方向,即在 Y 方向上摆动。

(2)焊接处理流程:

①程序运行到 ARCSTART;

②判断焊接开关为开或关(不检测下面直接执行轨迹,不控制焊接);

③延时,预备送气时间,开气;

④送出起弧信号;

⑤开始电弧检测时间,超过时间没收到确认信号,报警起弧失败;

⑥开始检测起弧成功信号(时间长度为电弧检测确认时间);

⑦若有成功信号,开始焊接动作;

⑧焊接结束;

⑨关闭起弧信号,同时开始延时,延迟送气时间;

⑩延时电弧耗尽时间;

⑪延迟时间到关气;

⑫灭弧结束。

项目小结

通过本项目的学习,掌握焊接机器人的编程,可以独自使用国产品牌焊接机器人对不同的焊缝进行焊接,为以后的企业实践打下扎实基础。

复习思考题

1. 对比 TA1400 焊接机器人和卡诺普焊接机器人,简述两者的区别。
2. 简述卡诺普焊接机器人施焊直线轨迹的方法。
3. 简述卡诺普焊接机器人施焊圆弧轨迹的方法。
4. 简述卡诺普焊接机器人施焊摆动轨迹的方法。
5. 简述完成金属 3D 增材制造的方法、过程和注意事项。

参考文献

[1] 戴建树,龙昌茂. 焊接自动化技术及应用[M]. 北京:机械工业出版社,2018.

[2] 邱葭菲,许妍妩,庞浩. 工业机器人焊接技术及行业应用[M]. 北京:高等教育出版社,2018.

[3] 谢敏,钱丹浩. 工业机器人技术基础[M]. 北京:机械工业出版社,2022.

[4] 于玲. 工业机器人虚拟仿真技术[M]. 北京:北京邮电大学出版社,2019.

[5] 刘伟,周广涛,王玉松. 焊接机器人基本操作及应用[M].2 版. 北京:电子工业出版社,2015.

[6] 兰虎. 焊接机器人编程及应用[M]. 北京:机械工业出版社,2022.

[7] 杜志忠,刘伟. 机器人焊接编程与应用[M]. 北京:机械工业出版社,2019.

[8] 冒心远. 焊接自动化技术[M]. 北京:机械工业出版社,2020.

[9] 王长文. 焊接自动化技术及应用[M]. 北京:机械工业出版社,2017.

[10] 中华人民共和国国家质量监督检验检疫总局,中国国家标准化管理委员会. 机器人与机器人装备词汇:GB/T 12643—2013[S]. 北京:中国标准出版社,2013.

[11] 中华人民共和国国家质量监督检验检疫总局,中国国家标准化管理委员会. 工业机器人 用户编程指令:GB/T 29824—2013[S]. 北京:中国标准出版社,2013.

[12] 国家市场监督管理总局,中国国家标准化管理委员会. 机器人安全总则:GB/T 38244—2019[S]. 北京:中国标准出版社,2019.

[13] 中华人民共和国国家质量监督检验检疫总局,中国国家标准化管理委员会. 工业机器人安全实施规范:GB/T 20867—2007[S]. 北京:中国标准出版社,2007.

[14] 中华人民共和国国家质量监督检验检疫总局,中国国家标准化管理委员会. 工业环境用机器人安全要求 第 1 部分:机器人:GB/T 11291.1—2011[S]. 北京:中国标准出版社,2011.

[15] 中华人民共和国国家质量监督检验检疫总局,中国国家标准化管理委员会. 机器人与机器人装备 工业机器人的安全要求 第 2 部分:机器人系统与集成:GB/T 11291.2—2013[S]. 北京:中国标准出版社,2013.

[16] 国家市场监督管理总局,中国国家标准化管理委员会. 机器人与机器人装备 坐标系和运动命名原则:GB/T 16977—2019[S]. 北京:中国标准出版社,2019.